LES

MIETTES DE LA SCIENCE

PARIS. — IMPRIMERIE VICTOR GOUPY, RUE GARANCIÈRE, 5.

Edmée et le nègre Baby.

La Canne à sucre préservée de la tempête.

LES MIETTES
DE
LA SCIENCE
DISTRIBUÉES A LA JEUNESSE

PAR

EUGÈNE MORET

ET

CAMILLE SCHNAITER

PARIS

AMABLE RIGAUD, LIBRAIRE-ÉDITEUR

rue Sainte-Anne, 50

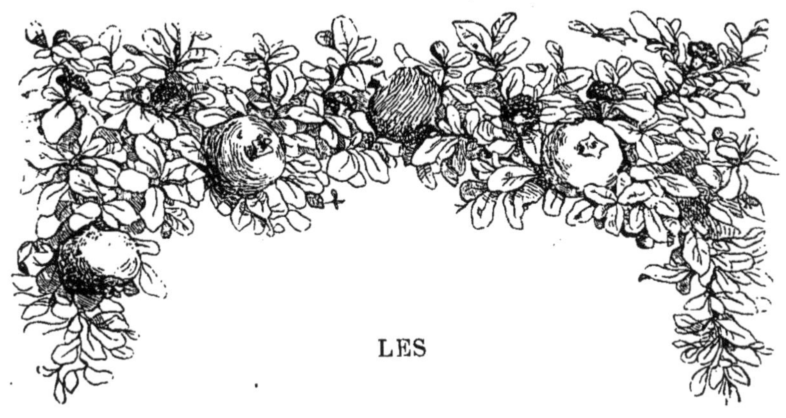

LES

MIETTES DE LA SCIENCE

I

HISTOIRE D'EDMÉE, DE SON NÈGRE BABY, D'UN BATON DE SUCRE D'ORGE; ET OU IL EST PROUVÉ QU'IL NE FAIT PAS BON DE JOUER AVEC LE FEU.

Le Kentucky est une des provinces les plus riches et les plus belles des États-Unis. Les plantations y font merveille, et les planteurs s'y font remarquer par leur esprit de modération et une grande douceur de caractère. A l'époque où débute cette histoire, il n'était question que d'un riche planteur nommé Verteil, arrivé à Kentucky depuis une vingtaine d'années, et dont la fortune n'avait en rien amoindri les bonnes qualités. M. Verteil, Français d'origine et marié à une Française, était aussi généreux que riche, et si ses plantations s'étendaient à plusieurs lieues dans la campagne, sa charité trouvait encore le moyen de dépasser les limites que Dieu avait données à ses propriétés.

Le bonheur, il est vrai, habitait sa maison, et si sa famille n'était pas très-grande, son foyer était calme et joyeux à la fois. Il n'avait qu'une fille, mais elle avait huit ans, était blonde comme une fée des contes de Perrault, fraîche comme une cerise que le vent vient d'effleurer, gracieuse comme une gazelle, et douce et charmante comme les petits anges que l'on voit en rêve. Elle s'appelait Edmée, et avait des yeux bleus si limpides qu'on eût juré deux bluets que vient de rafraîchir une pluie d'orage et qui s'épanouissent au soleil.

C'était plaisir de voir la petite fille, avec son chapeau de paille aux bords souples et larges, vêtue de sa robe blanche écourtée et échancrée aux épaules, courir et sauter au milieu des nègres de son père. Tous ces braves gens l'aimaient ; elle était si gaie, si affable avec eux. « Ah ! voilà la petite maîtresse, » disaient-ils, aussitôt qu'ils l'apercevaient : et leur visage rayonnait, c'est-à-dire que leurs gros yeux s'écarquillaient, tandis que leurs lèvres s'ouvraient pour laisser voir des dents d'ivoire. Le rire des nègres est silencieux.

C'était la joie de la maison, le sourire du foyer et la providence de tous ces pauvres gens.

Edmée cependant avait une préférence pour un grand noir, haut de six pieds, bâti comme une cathédrale et qui eût assommé un bœuf d'un seul coup de son poing monstrueux. Baby, ainsi se nommait le colosse, avait pour sa petite maîtresse une véritable adoration ; aussi, quand elle paraissait au milieu de la plantation, Baby faisait entendre un petit grognement de satisfaction, et, courant vers elle, lui tendait son dos large et luisant. Edmée s'y asseyait commodément, et le nègre, imitant les aboiements d'un chien, se mettait à courir à quatre pattes. Edmée jetait alors son écharpe au cou de sa monture, et, en gardant les deux extrémités dans ses mains, elle dirigeait Baby dans tous les sens, riant comme une folle, de ce rire frais des enfants, la plus délicieuse musique qui se puisse entendre.

Tous les matins, Edmée faisait ainsi sa petite promenade, montée sur Baby, après quoi le nègre la ramenait vers un bosquet qui s'étendait derrière l'habitation principale. La petite fille sautait à terre, pendant que le noir courait à toutes jambes remplir l'arrosoir qui servait à Edmée pour l'entretien d'un petit jardin dont elle avait la jouissance.

Ce jardinet était le paradis de la belle enfant. Elle parlait à ses fleurs comme à ses nègres, avec la même douceur, et l'on eût dit, à voir les feuilles s'agiter, se pencher vers la petite maîtresse, qu'elles répondaient aux caresses d'Edmée.

Cependant il y avait dans ce jardin quelque chose de singulier, c'était une tige de canne à sucre, superbe, majestueuse, qui se dressait au milieu d'un massif de géraniums éclatants; c'était auprès de cette plante qu'Edmée passait une grande partie de la journée.

« Vois, Baby, disait-elle, elle a grandi depuis hier; voilà les petites feuilles du haut qui commencent à sortir. Sera-t-elle bientôt mûre ?

— Encore trois lunes, répondit Baby.

— Oh ! quel bonheur ! nous irons enfin voir la France et mon oncle et mon petit cousin Abel. »

Qui était donc ce petit cousin qu'on verrait quand la canne serait mûre ? C'est ce que nous saurons bientôt.

Or, il faut vous dire que la betterave... La betterave ! qu'est-ce que vient faire ici la betterave à propos de la charmante petite créole et de son cousin Abel ? Vous allez bien le voir.

C'est qu'il faut vous dire en passant que le sucre que vous croquez sous toutes ses formes, soit dans votre chocolat, soit en bâtons, en dragées, en bonshommes même de toutes couleurs et de toutes dimensions, le sucre, disons-nous, ne vient pas tout fait sur les arbres comme les prunes, ou attaché à une plante rampante comme les cornichons; il n'est peut-être pas de substance alimentaire qui passe par autant de transformations avant d'arriver à vos lèvres. On pourrait dire que le sucre se trouve renfermé dans presque toutes les plantes et dans presque tous les fruits. Il y a du sucre dans la carotte et la betterave, dans la betterave qui ne sert pas seulement, comme vous le voyez, à faire de la salade.

Or, le cousin Abel avait un papa, lequel papa possédait de vastes champs de betteraves, dont il tirait du sucre...

Presque tous les fruits, avons-nous dit, renferment du sucre; les fruits à noyau, comme les autres, cerises, prunes, abricots, raisins, pommes. Nous vous voyons d'ici vous lécher les lèvres à la pensée de ces jolis bâtons, bien historiés, bien ficelés avec des faveurs et du papier doré; on appelle cela du sucre de pomme; vous vous imaginez manger quelque chose extrait de ce délicieux fruit de Calville; eh bien! erreur! Il n'y a pas plus du suc de la pomme dans ces jolis bonbons que de requins dans la Seine. C'est un nom, et voilà tout. Ces délicates productions d'une industrie mensongère viennent de la canne ou de la betterave; on y ajoute quelquefois une goutte d'une essence aromatique quelconque, quelquefois un peu d'eau d'orge, et la farce est jouée. Après tout, quand la friandise est bien habillée, on la croit merveilleuse. C'est l'histoire des saltimbanques, bien attifés de clinquant, qui distribuent plus de taloches que de bons mots.

Mais il faut distinguer deux espèces de sucres bien différents : celui qui provient des fruits n'est pas cristallisable, c'est-à-dire qu'on ne peut en faire du *sucre candi*. Vous connaissez cela, et je gage que vous vous êtes souvent demandé à quoi pouvait servir la ficelle que vous trouvez sous la dent au milieu d'un beau cristal de sucre candi. Deux mots, et vous saisirez. Pour faire du sucre candi, on fait bouillir du sucre de canne ou de betterave dans de l'eau. On a ainsi une espèce de sirop très-épais, qu'on peut changer en caramel, si l'on pousse la cuisson plus loin. On a eu soin préalablement de tendre des fils horizontalement dans l'intérieur du vase qui sert à l'opération. Lorsqu'on a bien fait bouillir le sirop, on laisse refroidir le tout pendant un certain temps, puis on verse le contenu du vase, qui ne laisse couler qu'une petite partie du sirop, partie incristallisable; le reste demeure adhérent aux parois et aux fils qu'on a tendus, mais alors sous forme de petits cristaux groupés les uns à côté des autres, et on a du sucre candi.

Le sucre incristallisable est généralement celui des fruits, tels que prunes, figues, etc. Il ne faut pas s'imaginer que l'épicier qui vous vend des pruneaux de Tours ou des figues sèches s'est amusé à saupoudrer sa marchandise avec de la cassonade; ces messieurs ne sont pas si prodigues : c'est le sucre incristallisable du fruit (glucose) qui se dépose à la surface, sous forme de poudre blanche, à mesure que le fruit se dessèche.

Mais où n'irions-nous pas, si nous voulions vous dire toutes les substances qui produisent du sucre et les moyens qu'on emploie pour l'en extraire? Il y a là une petite fée blonde, aux yeux bleus, qui nous fait la moue, parce que nous semblons l'oublier, et un petit cousin qui se débat dans notre encrier pour en sortir. Patience, les enfants, nous sommes à vous à l'instant.

Un dernier mot. Un savant disait : « Donnez-moi une bûche, j'en ferai un pain de sucre. » Oui, avec une bûche on peut faire du sucre... Le bois renferme une substance qu'on appelle *cellulose*, qui, transformée au moyen d'acide, finit par donner du sucre. Seulement, les industriels ne s'amusent pas à d'aussi dispendieuses opérations, et nous croyons que le moindre morceau de sucre qui proviendrait d'une bûche de votre grenier, vous coûterait plus cher qu'un petit pantin de six pieds de haut, tout en sucre de betterave.

Des deux frères Verteil, l'un, le père d'Edmée, s'était expatrié, pour faire l'exploitation de la canne; l'autre, l'aîné, était resté en France, où il recevait de son frère le sucre brut ou cassonade qu'il soumettait à toutes les opérations du raffinage. Nous vous expliquerons celà un peu plus tard. Abel, son fils, était un enfant d'une douzaine d'années environ, vif, pétulant, emporté, bon cœur du reste, sensible aux reproches, adorant ses parents, mais une vraie tête d'étourneau. Après tout, il vaut mieux avoir un caractère décidé que de ne pas en avoir du tout; toute la question est d'avoir du cœur, et alors les ressources ne manquent pas.

Abel ne connaissait pas sa cousine, mais on lui en avait fait un portrait si charmant, que, pour lui, Edmée était un délicieux rêve. Aussi, attendait-il avec anxiété le moment où la petite créole devait débarquer au Havre... Cet instant approchait.

Chaque jour Abel, après la classe, courait au fond du jardin, et se mettait à arroser, lui aussi, son petit parterre. Au milieu des primevères, des balsamines, des oreilles d'ours, arrangées sans trop d'art, il est vrai, — il n'y a guère que les petites filles qui aient du goût; — au milieu, disons-nous, d'un mélange assez peu harmonieux de couleurs, se dressait une plante... aux longues feuilles, d'un beau vert, luisantes, que plus d'une fois le lapin favori d'Abel avait contemplé d'un air plein de convoitise... C'était une betterave... la betterave de la petite cousine, de même qu'au delà des mers Edmée cultivait avec amour la canne du petit cousin.

Du reste tous deux se ressemblaient par le cœur. Si

Edmée était douce et généreuse avec les nègres de son père, Abel n'était pas moins bon et charitable envers les pauvres.

Maintenant que nous connaissons Abel, retournons au Kentucky, près de la cousine Edmée.

C'était par une chaude soirée de septembre, l'atmosphère était pesante ; l'air d'un calme effrayant ; les oiseaux se taisaient, les insectes eux-mêmes se tenaient cachés sous les feuilles immobiles que n'agitait aucune brise. Le soleil n'allait pas tarder à s'éteindre à l'occident, teint déjà de bandes cuivrées. Des nuages noirs se disputaient le ciel sombre. Une tempête se préparait. Tous les nègres étaient rentrés dans leurs cases. A la plantation tout le monde était réuni, attendant, avec une fiévreuse impatience, que l'orage éclatât... Edmée, assise sur un tabouret, reposait sa tête sur les genoux de sa mère ; M. Verteil se levait de temps en temps et son regard inquiet consultait l'état du ciel. Bientôt une obscurité presque subite succéda aux dernières clartés du jour.

Baby était debout près de la fenêtre, ses bras puissants croisés sur sa large poitrine. La physionomie du nègre respirait le calme ; ses yeux avaient une expression de douceur pleine de sollicitude en s'arrêtant sur la tête blonde et fatiguée de la petite maîtresse.

Tout à coup, celle-ci se releva brusquement, le visage inquiet.

« Baby, dit-elle, la canne du cousin Abel?... »

Le nègre sourit et ses dents blanches brillèrent sur son noir visage.

« Maîtresse, dit-il, pas craindre ; moi avoir couvert la

canne avec une toile; maîtresse tranquille; tonnerre touchera pas, non plus la grêle.

— Merci, Baby, » dit Edmée; et elle reprit sa place.

Au même instant un éclair déchira la nue et un coup de tonnerre effroyable fit trembler la maison. Bientôt quelques larges gouttes de pluie clapotèrent contre les vitres. La grêle survint, puis les éclairs, et la foudre gronda. Le vent alors soufflait avec fureur et la tempête était à son comble; la nature entière se démenait, majestueuse comme la mer en courroux. Les arbres gémissaient, courbant leur cime jusqu'à terre ; l'eau du ciel tombait à torrents. Une lumière rougeâtre dissipa l'obscurité, éclairant la campagne de lueurs fantastiques.

« Ciel! s'écria M. Verteil, un incendie! »

Tout le monde se précipita aux fenêtres et un spectacle horrible et superbe à la fois apparut à tous les yeux. Sur une colline, située à une demi-lieue environ de la plantation Verteil, s'élevait une habitation qui était la proie des flammes, la foudre ayant mis le feu à la toiture. Mais à peine la famille Verteil eut-elle le temps de contempler un instant le désastre; un fracas épouvantable, apporté par les rafales du vent, frappa les oreilles, mêlé aux derniers grondements du tonnerre : la plantation voisine s'abîmait dans des tourbillons de flammes et de fumée.

Chacun poussa un cri de stupeur.

M. Verteil s'élança hors de l'appartement, suivi de Baby. Bientôt toute la plantation fut sur pied et s'élança au pas de course au secours des incendiés. Il était trop tard : le propriétaire, entouré de tous les siens, regardait d'un œil égaré sa fortune anéantie.

« Voisin, lui dit M. Verteil, votre place n'est pas ici pour le moment; ma maison est à vous. Le malheur rapproche les plus mortels ennemis; Dieu merci, nous n'en sommes pas là et mon hospitalité n'en sera que plus franche. »

La famille infortunée suivit M. Verteil, tandis que les nègres, répandus dans toutes les directions, cherchaient à ressaisir les bestiaux qui s'enfuyaient en poussant des cris de détresse.

Le lendemain, à la pointe du jour, Edmée fut réveillée par les caressants rayons du soleil et le chant des oiseaux; l'air était frais, les fleurs et les plantes se séchaient coquettement et redressaient leur tête.

Rapide comme une gazelle, la petite fille courut au fond du jardin, sans s'inquiéter de la pluie qu'elle faisait tomber sur elle en secouant les arbustes qu'elle écartait.

« Ma canne! la canne du cousin Abel! »

Et la main d'Edmée souleva en tremblant la petite tente artificielle qui abritait la plante aimée. Celle-ci était fraîche, intacte; elle avait résisté au vent et à la grêle.

Edmée sauta de joie, avec une grâce pleine de charme, et battit des mains. Mais quel désastre aux alentours! Ses pauvres fleurs étaient saccagées, les branches rompues. Un voile de tristesse passa sur le front de l'enfant, et lorsqu'en revenant lentement sur ses pas, ses yeux rencontrèrent une colonne de fumée qui s'élevait de la colline voisine, dernier vestige de l'incendie, la sensible Edmée sentit son cœur se fondre. Elle pleura silencieusement. Larmes adorables, pures comme la rosée du ciel, puisqu'elles n'avaient pour cause que la souffrance d'autrui.

La nouvelle famille s'organisa bientôt dans la maison Verteil, pendant que le digne planteur mettait tout son monde à la disposition du voisin pour réparer son malheur.

Un jour qu'Edmée avait accompagné son père sur le lieu du sinistre où les ouvriers jetaient déjà de nouvelles fondations, M. Verteil fit asseoir sa fille sous un bosquet voisin pour la préserver de la trop grande chaleur qui commençait à se faire sentir.

« Mon père, dit-elle, c'est donc le tonnerre qui est tombé sur la maison du voisin ?

— Oui, sans doute, ma fille ; mais cette expression dont on se sert est complétement fausse, attendu que le tonnerre n'est pas comme une tuile qui peut tomber d'un toit.

— Qu'est-ce donc, alors ?

— Je vais te l'expliquer. Il faut te dire d'abord que tous les objets qui nous entourent, les bois, les champs, les forêts, les montagnes, toute la nature, en un mot, est entourée d'un fluide, invisible comme l'air que nous respirons. Ce fluide s'appelle fluide électrique ou électricité. A l'état ordinaire, quand l'air est calme, quand le temps n'est pas orageux, ce fluide ne se manifeste par aucun phénomène. Quand au contraire l'atmosphère semble pesante, que notre corps est alourdi par une fatigue dont on ne devine pas la cause, mais que tout dans la nature éprouve en même temps que nous, jusqu'aux oiseaux qui cessent de chanter, jusqu'aux insectes qu'on n'entend plus bourdonner ; quand le temps est à l'orage, en un mot, c'est que le fluide électrique se décompose en deux fluides bien distincts, mais qui ont une très-grande tendance à se réunir et à se recomposer : d'un côté, le fluide, qui remplit les nuages et l'espace du ciel qui est au-dessus de nous ; de l'autre, celui qui couvre la terre, les arbres, les maisons.

Tels sont, je suppose, les deux fluides qui tout à l'heure étaient réunis en un seul. Eh bien, que va-t-il se produire? Un nuage passe au-dessus d'une maison, ce nuage est rempli d'un fluide, la maison en contient un autre; mais puisque ces deux différents fluides tendent toujours à se réunir, il y aura entre eux une attraction, et au moment où ils seront assez rapprochés l'un de l'autre, ils se recomposeront brusquement. Et alors jaillira une étincelle, et une violente détonation se fera entendre. Il faut ajouter que cette étincelle a une formidable puissance, et qu'elle brise nécessairement ou enflamme tout ce qui l'environne. Dans ce cas, la maison sera foudroyée ou incendiée. Voilà le phénomène qui se produit.

L'étincelle, c'est l'éclair, la détonation c'est le bruit du tonnerre. Tu vois donc qu'on a tort de dire que le tonnerre *tombe*. Car il peut arriver souvent que l'étincelle parte d'abord du toit de la maison ou de l'extrémité d'un arbre pour aller vers le nuage.

— Mais, papa, y a-t-il toujours quelque chose de

cassé chaque fois qu'on entend un coup de tonnerre ou qu'on voit un éclair? demanda Edmée.

— Heureusement, non; la plupart des éclairs se perdent dans les nuages, car il arrive toujours que, dans une tempête, tel nuage renferme un fluide, tandis que le nuage voisin en contient un autre, alors l'étincelle jaillit entre les deux, et tout à fait hors *de notre portée*.

Mais maintenant je vais t'expliquer quelques phénomènes particuliers que tu as peut-être remarqués sans t'en rendre compte. Et d'abord, il arrive souvent que tes yeux sont frappés d'un éclair, tandis que le bruit du tonnerre ne parvient à ton oreille que longtemps après.

— Oui, c'est vrai, j'ai remarqué cela souvent.

— L'explication est bien simple. Tu as vu quelquefois mes nègres abattre des palmiers dans la forêt. Eh bien, lorsque tu les aperçois de loin, tu vois d'abord leur hache tomber, puis ce n'est que quand ils l'ont brandie de nouveau, que le bruit qu'ils ont fait parvient à ton oreille.

— C'est vrai.

— Le son parcourt environ trois cents mètres en une seconde, c'est-à-dire qu'un bruit qui se produit à trois cents mètres de toi ne t'arrive qu'au bout d'une seconde. Revenons aux nuages. Il arrive souvent que, lorsqu'une étincelle jaillit entre deux nuages qui sont à une très-grande hauteur au-dessus de nous, le bruit du tonnerre se produit immédiatement; mais il s'écoule quelquefois dix, quinze secondes avant qu'il se fasse entendre, c'est-à-dire que les deux nuages en question sont éloignés de nous de dix ou quinze fois trois cents mètres. C'est un moyen, comme tu vois, d'apprécier à quelle distance de nous l'orage donne le plus fort. Le coup de tonnerre est toujours aussi un coup sec, comme celui d'une arme à feu.

— Mais, mon père, je l'ai toujours entendu gronder, au contraire, de mille roulements terribles.

— C'est là un effet de l'écho. Sitôt que la détonation part, elle est renvoyée de nuage en nuage, de montagne en montagne, et lorsque nos oreilles en sont frappées, ce n'est plus qu'un roulement confus, une réunion de tous ces échos qui vont en se perdant dans le lointain.

— Aussi rien n'est imposant et majestueux comme le roulement du tonnerre dans les gorges escarpées des pays de montagnes; c'est une harmonie si puissante, que bien peu de gens y sont insensibles.

— Maintenant, mon papa, dit la petite Edmée devenue exigeante, que tu as été assez bon pour m'expliquer toutes ces belles choses de la nature, j'espère que tu voudras bien me dire ce que c'est qu'un paratonnerre ?

—Le paratonnerre est un appareil destiné à préserver un édifice de la foudre. Mais il ne faut pas croire que la tige de fer que tu vois sur le toit de notre habitation ait la propriété d'éloigner le tonnerre, elle l'attire, au contraire.

— Elle l'attire! s'écria Edmée avec un geste d'effroi.

— Voici de quelle façon. Dans les temps d'orage, l'électricité répandue à la surface d'un corps ne se disperse pas facilement dans l'air environnant. Si le corps est rond, le fluide s'y attache avec la plus grande énergie; si au contraire il est pointu, l'électricité s'échappe petit à petit par la pointe, et de cette façon va rejoindre le fluide d'un corps voisin pour se réunir à lui sans qu'il y ait détonation ni étincelle. C'est précisément ce qui se produit dans le paratonnerre. L'appareil se compose d'une longue tige de fer qui descend le long de l'édifice qu'on veut préserver, jusque dans un puits ou un trou profondément creusé dans la terre. L'extrémité qui surmonte le faîte de l'édifice est terminée par une pointe de platine très-effilée. Supposons qu'une violente tempête survienne, un nuage chargé d'un fluide électrique passe au-dessus de la maison, qui de son côté est chargée de fluide contraire; aussitôt le fluide qui remplit la maison, vivement attiré par celui du nuage, s'écoule par la pointe du paratonnerre et va rejoindre le nuage pour se combiner avec le fluide que celui-ci renferme. On voit même quelquefois, quand un orage éclate pendant la nuit, une aigrette de flamme bleuâtre jaillir silencieusement de la pointe du paratonnerre. C'est le fluide qui s'écoule.

— Que tout cela est curieux! dit Edmée toute pensive, et les yeux brillants d'admiration... Mais, reprit-elle, la foudre ne tombe-t-elle jamais sur une maison quand il y a un paratonnerre?

— Mon enfant, on a vu des catastrophes semblables arriver, mais alors la tige du paratonnerre était rompue quelque part sans qu'on s'en fût aperçu. Je me rappelle même, à cette occasion, qu'un savant russe, ayant brisé avec intention la tige d'un paratonnere qui s'élevait dans son jardin, se posta, un jour qu'il faisait un violent orage, à une distance de cent pas environ du paratonnerre, puis étudia ce qui allait se produire. Le malheureux périt victime de son dévoûment à la science : une violente étincelle électrique jaillit de l'extrémité brisée du paratonnerre, et vint le frapper au front; il tomba foudroyé.

Il est donc très-utile de vérifier souvent l'état d'un paratonnerre, pour ne pas être exposé aux plus terribles accidents.

Il serait également insensé de toucher à la tige d'un paratonnerre pendant l'orage. Un téméraire fit un jour le pari qu'il resterait cramponné, pendant toute la durée d'un orage, à la tige finale qui surmontait la flèche d'une cathédrale.

Malgré toutes les remontrances du plus grand nombre, l'étourdi soutint le pari. Le téméraire parieur grimpa donc le long de la tige. L'orage se passa sans qu'il fît le moindre mouvement. Au moment où tout le monde, croyant le danger passé, l'invitait à descendre, quelqu'un se mit à secouer légèrement la tige du paratonnerre. On vit alors l'individu descendre lentement, ou plutôt glisser le long de la barre sans que ses bras ou ses jambes fissent le moindre mouvement. Il coula ainsi jusque sur la petite plate-forme qui couronnait l'édifice et où tout le monde s'était réuni. On s'approche pour le féliciter, un cri d'horreur s'échappe de toutes les poitrines : le malheureux était carbonisé. Il tomba en poussière dès qu'on voulut le détacher. »

A cet instant de la conversation, Baby parut et vint dire à son maître que l'architecte l'attendait.

M. Verteil laissa sa fille avec le fidèle Baby.

« Viens, Baby, assieds-toi là, et écoute-moi, dit Edmée, qui ajouta d'un air capable : Sais-tu qu'on ne doit pas dire que le tonnerre tombe? »

Baby ouvrit de grands yeux.

« Ignorant! dit Edmée, qui s'érigea en institutrice, je vais t'expliquer cela. »

II

LE DÉPART POUR LA FRANCE. — LES VICISSITUDES DE LA CANNE A SUCRE ET LES PROPRIÉTÉS DE LA POUDRE-COTON.

ABEL et sa cousine Edmée s'écrivaient souvent ; Edmée disait les progrès de la canne favorite, Abel racontait la croissance de la betterave.

Mais le moment était venu où M. Verteil allait se débarrasser de ses plantations, réunir sa fortune, et s'embarquer pour la France. C'était aussi la dernière heure de la canne à sucre. Cette heure arriva. La canne, tout empanachée de rubans, semblait une victime qu'attend le sacrificateur. Toute la famille était réunie en cercle autour du parterre au milieu duquel s'élevait le malheureux végétal. Au moment où M. Verteil s'avança, une scie à la main, pour abattre l'arbuste qu'on avait mis tant de sollicitude à faire grandir, la pauvre Edmée, malgré la joie qu'elle s'était faite de ce jour si longtemps attendu, la pauvre Edmée ne put retenir ses larmes. La scie grinça, et, aux applaudissements de tous les habitants de la plantation, la canne, saignante, mourante, fut portée dans une corbeille qu'on mit entre les mains de la pauvre enfant.

Puis il y eut fête. Des tables furent dressées où tous les nègres s'assirent. Après le festin vinrent les danses au son du tambour de basque; elles se prolongèrent jusqu'au coucher du soleil. Peu à peu, Edmée, gagnée par la gaîté générale, fut toute au plaisir, et, malgré la délicatesse de ses petites jambes, ne fut pas la moins intrépide à la danse.

Mais à toute médaille il y a un revers, à toute rose une épine, à toute fête un lendemain. Ce lendemain c'était le jour du départ, au fond, toujours triste pour tous, quoiqu'un poëte ait dit :

Les chagrins du départ sont pour celui qui reste.

Les pauvres noirs pleuraient ce maître si bon.

Baby, seul de sa couleur, était rayonnant; Edmée n'avait pas voulu se séparer de lui, et il accompagnait la petite maîtresse. On se fait difficilement une idée de la joie insensée du pauvre nègre en apprenant de la bouche d'Edmée qu'il ne la quittait plus.

C'est que, pour Baby, la petite maîtresse n'était pas une enfant; il s'était habitué, dans son admiration naïve et superstitieuse, à la considérer comme un être qui ne tenait à la terre que par le bout du pied, et qui pour le reste était du ciel. Edmée était pour le nègre l'ange du sommeil quand il dormait, celui du bonheur quand elle riait, celui de la musique quand elle chantait, celui de la douleur, quand elle pleurait; dans ce dernier cas, le pauvre nègre se fût jeté à la mer pour épargner une larme à la petite maîtresse.

On embarqua enfin. Tous les nègres pleuraient sur la plage. Edmée les embrassa tous, ce qui rendit Baby presque jaloux. Ce dernier portait avec précaution une boîte délicate, sur laquelle la petite fille jetait de temps en temps les yeux.

La cloche du bateau se fit entendre, la machine gronda, un tourbillon de fumée s'échappa de la cheminée; on partit...

Un grand cri de douleur s'échappa de la poitrine des cent nègres. Edmée agita une écharpe en signe d'adieu... On était en pleine mer.

Mais qu'y a-t-il donc dans cette boîte que Baby porte avec tant de précautions?

Il y a de la cassonade!

Il faut, bon gré mal gré, retourner un instant à terre, cher lecteur ou lectrice; dans la précipitation du départ, nous avons oublié de vous dire ce qu'était devenue la pauvre canne, et, en historien fidèle, nous ne devons rien omettre.

Le sucre, tel qu'il est répandu dans le commerce, ne nous vient pas des colonies ou de l'Amérique à l'état dans lequel nous le voyons. Il débarque sous forme de cassonade, après avoir subi un travail qui n'est que le prélude du raffinage.

Le lendemain du jour où la petite Edmée avait vu avec douleur sa pauvre canne tomber sous la scie, on procéda à une nouvelle cérémonie. La canne, triomphalement portée dans sa corbeille, fut déposée au pressoir. On la glissa entre deux énormes cylindres mis en mouvement par une machine à vapeur, elle fut broyée, et tout le suc qu'elle donna fut recueilli avec le plus grand soin. Ce jus fut ensuite soumis à une première purification; car, outre le sucre, la canne contient aussi de l'albumine et une matière visqueuse qui empêchent le sucre de se cristalliser.

La purification achevée, on obtient deux sirops, l'un qui forme ce que l'on appelle le *sucre brut* ou cassonade, et qu'on envoie dans les raffineries d'Europe; l'autre sirop, brun, épais, visqueux, est ce que nous appelons la mélasse.

Dans certaines contrées, la mélasse est employée, par les petites bourses, aux mêmes usages que le sucre. On en fait aussi des tartines. Qui n'a mangé des tartines de mélasse? On s'en barbouille le visage, c'est vrai: mais ça coule en filets si dorés, si limpides, si brillants, qu'on y mord à belles dents, sans déplaisir.

Mais il ne faut pas croire que ce soit là le seul usage auquel sert la mélasse. Nous pouvons même dire que ce n'est que la plus minime partie de ce sirop qui est ainsi employée. Ainsi, vous ne vous êtes jamais demandé d'où provenait le rhum, cette belle liqueur si odorante qui colore si agréablement le cristal des flacons, le rhum de la Jamaïque? Vous pouvez savoir que le kirsch se fait avec des noyaux de cerises, que le cognac se tire du marc de raisin et de bien d'autres substances; mais le rhum? le rhum?... Eh bien, le rhum se fait avec de la mélasse. Cette liqueur si forte, si alcoolique, si stomachique, si tonique; cette liqueur à laquelle on peut donner comme qualificatifs tous les bons adjectifs en *ique*, provient de cet épais sirop que vous mangez en tartines.

Mais ne perdons pas de vue notre héroïne, notre canne de prédilection que nous avons laissée, broyée, écrasée, sous les lourds cylindres de la puissante machine. Desséchée, privée de son suc, de son sang pour ainsi dire, que devient-elle? C'en est fait de cette belle plante aux pousses verdoyantes; sa vieille carcasse meurtrie pourrit dans un coin ou sert à faire bouillir la marmite de quelque négrillon.

Et voilà comment la petite boîte que Baby portait avec tant de précautions sur le navire contenait de la cassonade.

Mais avant de quitter les côtes d'Amérique pour ne plus y revenir, disons deux mots sur une des plus riches productions du pays, le coton.

Le coton est composé de cette matière dont nous avons déjà parlé, et que nous avons appelée *cellulose*. Mais le coton, indépendamment de son immense utilité au point de vue de l'industrie, a été l'objet d'une découverte très-curieuse. Vous avez entendu parler, peut-être, du coton-poudre ou fulmi-coton. Le coton, pur et bien lavé, est soumis à l'action de deux substances qui lui donnent des propriétés explosives de la plus grande énergie. Le coton ainsi préparé brûle avec une rapidité effroyable, et sans laisser d'autre résidu que quelquefois une légère quantité de vapeur d'eau. Cette rapidité d'explosion est telle, que si vous mettez le feu à du fulmi-coton posé sur votre main, il brûle sans que vous sentiez la moindre douleur.

Le fulmi-coton a été souvent employé au lieu de poudre, pour faire sauter des mines; on a calculé que sa force explosive était environ sept fois plus considérable que celle de la poudre de guerre. Mais on n'a pu réussir à se servir du coton-poudre dans les armes à feu. Il s'enflamme avec une telle rapidité qu'il fait éclater les armes.

III

LA TRAVERSÉE. — PHÉNOMÈNES AQUATIQUES ET PHÉNOMÈNES DE LA RESPIRATION.

La mer, la mer! quel inépuisable trésor pour quiconque est avide de savoir et de connaître! Edmée fut d'abord tout entière à la première émotion que produit la vue de l'immensité, puis peu à peu ses idées se classèrent : elle s'étonna de ceci, elle admira cela, et ce fut une pluie de questions, auxquelles M. Verteil répondait avec plaisir.

On ne connaît pas d'animaux qui puissent se passer d'air. Et les poissons? me direz-vous. Ils forment, ce me semble, une classe assez riche en espèces pour qu'il en soit parlé, et cependant ils ne respirent pas, puisqu'ils vivent dans l'eau.

Cette observation, Edmée la fit comme vous, et d'un air vainqueur, comme si elle avait pris son père en défaut. M. Verteil sourit.

« Mon enfant, lui dit-il, les poissons respirent, et ce qui est plus étonnant encore, c'est qu'ils respirent de l'air. L'air est un mélange de deux gaz : l'*oxygène* et l'*azote*. L'oxygène est le principe vivifiant de la nature ; c'est lui qui est nécessaire à la respiration des animaux comme des plantes, et qui régénère, échauffe, rougit le sang. Parmi les animaux il faut cependant, à ce point de vue, distinguer les animaux à sang chaud de ceux à sang froid. Ceux qui ont la respiration la plus active ont aussi une chaleur naturelle plus considérable que ceux à respiration lente. Les oiseaux, par exemple, sont les êtres de la création qui ont la chaleur la plus grande, elle va jusqu'à 40 degrés. La chaleur de l'homme est de 36 degrés, celle des reptiles est de beaucoup inférieure, et celle des poissons bien plus faible encore. Mais tu ne comprends pas pourquoi il y a un rapport si intime entre la chaleur d'un animal et la plus ou moins grande activité de sa respiration. Cela est fort simple. La respiration est un phénomène chimique très-compliqué ; mais tout phénomène, toute action chimique se produit avec dégagement de chaleur et d'électricité. Par conséquent, plus le phénomène sera actif, plus la chaleur sera considérable. Voilà pourquoi les oiseaux, qui ont une respiration si active, ont une chaleur naturelle supérieure à celle de tous les animaux. Les poissons respirent de l'air ; mais il ne faut pas croire qu'ils viennent de temps en temps reprendre haleine en élevant leur tête hors de l'eau. L'air qu'ils respirent, ce n'est pas l'air extérieur, c'est de l'air dissous, en petite quantité dans l'eau. Les ouïes qu'ils ont de chaque côté de la tête, et que tu as dû remarquer, constituent un appareil très-compliqué qui s'empare de l'air dissous, et le renvoie quand il a perdu ses propriétés vivifiantes. Les poissons ne respirent donc pas par la bouche, mais par les ouïes; cette respiration est beaucoup plus lente que celle des animaux terrestres, mais nécessaire cependant, car les jolis petits poissons rouges qu'on voit enfermés dans des globes de cristal ne vivraient pas longtemps si on ne renouvelait leur eau. Il faut qu'une nouvelle quantité d'air dissous dans la nouvelle eau remplace la quantité d'air absorbée. Il y a des animaux, qu'on appelle amphibies, qui possèdent des organes pour la double respiration, terrestre et aquatique : le phoque, par exemple, qui vit aussi bien dans l'air que dans l'eau, le crocodile et autres. Quant aux harengs, ils viennent à certaines époques par bancs, c'est-à-dire, en quantité si considérable qu'ils couvrent littéralement plusieurs lieues carrées en mer, et que l'épaisseur du banc est de plusieurs mètres; cette masse compacte fait au soleil le plus splendide effet; les reflets étincelants et argentés qui en jaillissent sont éblouissants.

— Oh! dit Edmée, toute frappée de tant de curieux détails; la mer, qui est si profonde, doit renfermer une quantité prodigieuse de poissons de toutes espèces?

— Sans doute, mon enfant; mais au delà d'une profondeur d'une centaine de mètres, il n'y en a plus, car ce n'est qu'à la surface qu'ils peuvent trouver l'air dissous dans des proportions convenables à leur respiration et suffisamment renouvelé. Au delà de la limite que je viens de t'indiquer, l'oxygène dissous est en si petite quantité que les poissons ne peuvent y vivre longtemps.

Tu vois quel rôle l'oxygène joue dans l'existence des animaux; mais ce que tu ne sais pas, c'est l'influence décisive de la respiration sur toutes les autres fonctions animales. Car qu'est-ce que la respiration? Il ne faut pas t'imaginer qu'on avale l'air comme les aliments ; du reste, tu sais très-bien qu'il y a deux opérations bien distinctes dans cette fonction : l'*aspiration,* qui introduit par la bouche ou les fosses nasales l'air respirable, et l'*expiration*, qui rend l'air qu'on vient de respirer. Que se passe-t-il en nous dans l'intervalle si court de ces deux mouvements? L'air rendu par l'expiration est-il le même que l'air absorbé par l'aspiration? Non, certes. Je t'ai déjà dit que l'air se compose de deux gaz : l'*oxygène*, dont je t'ai longuement parlé, et l'*azote*. L'oxygène est le gaz vivifiant; l'azote joue dans la respiration le rôle de palliatif, il diminue l'effet de l'oxygène. Si nous respirions ce dernier gaz à l'état de pureté, l'activité vitale serait bien plus considérable, la chaleur naturelle serait beaucoup plus grande, les organes s'useraient très-vite, l'homme vivrait dix ans et mourrait; en un mot, nous vieillirions plus en un jour que nous ne le faisons en un an. Sur cent parties d'air, il n'y en a que onze d'oxygène, le reste est de l'azote. On a fait à ce sujet des expériences très-curieuses. On a enfermé un animal, une souris, un oiseau, dans un bocal qui ne renfermait que de l'oxygène; la pauvre bête respirait avec une violence incroyable, elle était agitée de mouvements fiévreux, toutes ses fonctions s'effectuaient avec une rapidité étonnante, mais il n'y avait plus aucune harmonie entre elles. Bientôt l'animal mourait... pour avoir trop vécu.

Pour te bien faire saisir le rôle de la respiration, je vais reprendre les phénomènes d'un peu plus haut. Le sang que nous avons dans le cœur est envoyé dans les artères principales, qui le distribuent dans toutes leurs ramifications secondaires. C'est ainsi qu'il donne la vie, la force, la chaleur à tous nos membres. Mais, dans ce trajet, le sang s'est chargé d'une substance qui lui enlève ses propriétés vivifiantes; il passe ensuite dans les veines, qui n'ont pour but que de le ramener au centre d'où il est parti, c'est-à-dire au cœur. Mais avant d'arriver au cœur, il faut que ce sang, qui n'est plus propre à vivifier notre corps, soit soumis à une opération qui le purifie de cette substance dont je t'ai parlé, et le rende au corps bien rouge, bien énergique, bien vivant : c'est là le rôle de la respiration. Cette purification se fait dans les poumons. Le siége de la respiration est donc dans les poumons. Qu'est-ce que les poumons, et comment agissent-ils? Les poumons sont deux masses spongieuses qui remplissent la poitrine et qui constituent ce que l'on appelle vulgairement le *mou*. Ainsi, ce que les portières de toutes les classes donnent à leurs chats, sous forme de viande rose et tendre, c'est du poumon. Les veines venant de toutes les parties du corps aboutissent aux deux poumons; là, elles se ramifient en une infinité de petites veines qui entourent le poumon d'un réseau très-serré, très-embrouillé. C'est là que le sang noir et vicié se purifie au contact de l'oxygène. Il en sort purifié en effet, rouge et vivant, pour retourner au cœur d'où il était primitivement parti. Que s'est-il passé pendant son séjour dans le poumon? L'oxygène s'est combiné avec la substance vicieuse que renfermait le sang, et de cette combinaison, il est résulté un nouveau gaz, qu'on appelle l'acide carbonique, que vous rejetez par l'*expiration*, ainsi que l'azote, qui n'a joué qu'un rôle neutre ! L'acide carbonique est un gaz qui n'entretient pas la respiration; aussi cela explique pourquoi il faut renouveler l'air dans un appartement où l'on a séjourné pendant quelque temps. L'oxygène qui est renfermé dans une chambre, lorsqu'elle est habitée, se remplace bientôt par l'acide carbonique; la respiration devient alors plus pénible. Mais à ce propos, mon enfant, comme dans toutes les œuvres de Dieu, nous devons nous incliner devant sa profonde sagesse. Écoute plutôt. L'immense surface des mers dissout une quantité considérable d'oxygène; l'azote se dissout en moins grande proportion que lui. Il doit arriver nécessairement un moment où l'air de la mer s'appauvrira assez pour n'être plus respirable; de plus, tous les animaux de la création absorbent des quantités prodigieuses du gaz vivifiant et ne rendent qu'un gaz délétère, qui est l'acide carbonique ; tout semblerait donc nous pousser vers une heure fatale où les animaux s'étioleraient et où les races finiraient par s'éteindre faute d'oxygène. Mais Dieu y a pourvu. A côté de ces nombreuses machines qui altèrent la salubrité de l'air, il s'en trouve d'autres, aussi multipliées, qui contrebalancent cette désastreuse influence. Les agents de cette régénération, ce sont les plantes. Oui, les plantes; car tous les végétaux respirent; depuis le brin d'herbe jusqu'au cèdre du Liban, jusqu'aux magnifiques arbres de nos forêts d'Amérique. Mais, chose merveilleuse, au lieu de l'oxygène, c'est au contraire l'acide carbonique qu'elles absorbent, et, par un admirable accord entre le règne végétal et le règne animal, elles rendent par l'expiration autant d'oxygène respirable qu'elles ont pris d'acide carbonique. C'est-à-dire qu'elles transforment un élément nuisible en un autre indispensable à la vie. »

Cette longue causerie avait eu lieu sur le pont du bateau à vapeur; la nuit était venue. M. Verteil donna le signal, et toute la famille se retira dans sa cabine, où Edmée, étendue dans son hamac, ne tarda pas à s'endormir d'un profond sommeil. Il faut dire, pour la vérité de l'histoire, que la petite fille ne ferma pas les yeux avant de s'être assurée que la boîte à cassonade était en bon lieu et qu'elle ne respirait aucun acide carbonique.

IV

LES VOLCANS. — LA CHASSE. — PHÉNOMÈNES ASTRONOMIQUES. — L'ÉTOILE DU BERGER, L'ÉTOILE DU MATIN, LA VOIE LACTÉE, LES COMÈTES, LES ÉTOILES FILANTES, LES HABITANTS DE LA LUNE.

Si vous le voulez maintenant, chères lectrices et chers lecteurs, nous allons rejoindre le cousin Abel.

C'était le temps des vacances, Abel avait été envoyé faire un séjour d'un mois chez une de ses tantes maternelles, qui habitait une charmante campagne dans les Cévennes. C'est pourquoi nous nous trouvons en pleines montagnes, au milieu des forêts, des rochers, d'une nature pittoresque et accidentée, bien autrement attrayante pour une imagination vive que les plates campagnes des environs de Paris.

Un matin donc, Abel fut réveillé dès l'aurore par des fanfares, les aboiements d'une meute et tout le tapage qui annonce une partie de chasse ; la journée promettait d'être splendide, et les profondeurs des vallées qu'on allait sonder étaient remplies de ce majestueux murmure, si imposant dans les pays de montagnes. Le petit bonhomme fut bientôt prêt.

Tous les chasseurs étaient déjà réunis chez l'oncle d'Abel ; on avait lancé la veille un cerf magnifique ; il s'agissait de le forcer. Les cors donnèrent, les fouets claquèrent, les chiens aboyèrent, et Abel, monté sur un petit poney, présent de sa tante, suivit la troupe joyeuse des chasseurs.

Il eût été imprudent de laisser notre ami suivre toutes les péripéties de la journée. Aussi, lorsqu'on eut fait plusieurs battues dans la vallée, au moment où les chasseurs se dispersèrent de tous côtés, l'oncle d'Abel consigna son petit-neveu dans un délicieux pavillon de chasse.

Abel fit bien un peu la moue, mais on lui permit de trotter sur son poney, sans toutefois s'engager dans la montagne, et il se consola. Il l'était déjà tout à fait, lorsqu'au détour d'un chemin qui menait droit au premier village, notre cavalier rencontra le curé, digne homme qu'il avait vu déjà chez sa tante.

La reconnaissance fut bientôt faite ; l'ecclésiastique offrit à son jeune voisin de lui servir de guide dans une clairière qui se dessinait à quelques pas d'eux. Abel descendit de cheval, et ils pénétrèrent sous une voûte profonde.

« Je vais vous montrer, dit l'abbé, les vestiges d'un volcan éteint ; votre géographie vous a sans doute appris le nom de ceux qui sont encore en activité, mais je doute qu'elle vous ait beaucoup éclairé sur la nature des volcans. Voyez, voici déjà les vestiges d'un cratère qui n'est plus dangereux aujourd'hui, mais qui, il y a déjà peut-être des milliers d'années, a jeté feu et flamme. »

Le sol était, en effet, formé d'une terre grisâtre, légère, poreuse, qui offrait de temps en temps des blocs de forme et d'aspect très-bizarres ; à quelques pas plus loin, toute végétation cessait, et un immense cratère s'ouvrait, large et profond, tout formé de ces scories, tourmentées par le feu, et affectant des nuances jaunâtres qui rappelaient celle du soufre.

« Avant de parler des volcans éteints, dit le prêtre, je vais vous dire ce que sont ceux qui sont encore en activité. Et d'abord vous savez peut-être que la terre est à l'intérieur remplie par une masse de matières en fusion et recouverte d'une croûte solide que nous habitons, qui est plus ou moins épaisse et formée de couches successives ; l'étude de ces couches s'appelle géologie.

La croûte solide du globe terrestre, en comparaison de la masse totale de la planète, est si mince, que la coque d'un œuf est relativement plus épaisse en face de l'œuf lui-même. Qu'y a-t-il à l'intérieur de cette immense coque ? C'est ce que les savants n'ont pas encore pu déterminer d'une manière positive. L'opinion générale, c'est que l'intérieur de la terre est rempli d'une masse en fusion, d'une température très–élevée, où sont réunis et constamment en travail des gaz, des métaux, tous les éléments en un mot qu'on retrouve dans les couches successives de la croûte solide. Cette masse a été primitivement, dans la nuit des siècles, tout entière dans cet état de fusion ; puis peu à peu sa couche extérieure s'est refroidie, solidifiée, et a formé la première enveloppe terrestre, que l'on suppose être le granit et toutes ses variétés. L'action des eaux et des bouleversements partiels a délayé une partie de cette matière, qui s'est déposée sous forme de gisements. Voilà le travail régulier qui a dû se produire lentement pour former les premières assises de la terre que nous habitons.

Sur quoi la science s'appuie-t-elle pour avancer cette assertion ? Sur la chaleur croissante que l'on constate dans les couches que l'on perfore pour creuser une mine, par exemple ; sur les puits artésiens, et enfin sur les volcans.

On suppose, en effet, que les volcans sont de véritables ventilateurs, si je puis parler ainsi, des cheminées par où se dégage le trop–plein des matières brûlantes que renferme le sein de la terre. A différentes époques, on a vu tout à coup, à la suite d'un violent tremblement de terre, une montagne s'élever au milieu d'une plaine, puis le sommet de cette boursouflure venait à se crever, et de ce cratère jaillissaient les matières volcaniques qui étaient rejetées du sein de la terre par cette espèce de soupape. C'est ainsi qu'on explique la formation des grands volcans de l'Italie, de l'Islande et autres. Ce phénomène s'est remarqué même de nos jours. On a vu à diverses reprises la mer bouillonner à un endroit particulier, puis du milieu de ces flots brûlants surgir une montagne, une île tout entière, qui demeurait ainsi au-dessus de l'eau des jours, des mois entiers, puis disparaissait un beau matin sans laisser de traces. Comment expliquer tous ces phénomènes, sinon par l'existence de ce feu intérieur qui, à certains moments, tourmente, boursoufle, bouleverse son enveloppe, et finit quelquefois par la percer tout à fait en produisant un volcan ? La manière même dont se forment les volcans en activité explique parfaitement la présence des volcans éteints. Un jour une de ces redoutables cheminées fume, crache, vomit la lave ; puis intérieurement une secousse se produit, qui bouche l'orifice, et le volcan s'éteint. Les Cévennes en renferment un grand nombre, mais nulle part on n'en rencontre autant que dans la grande chaîne des Cordillères.

Il est donc très-admissible que la croûte terrestre, telle qu'elle existe aujourd'hui, a été formée de couches qui se sont superposées, d'âge en âge, soit par l'influence prolongée des eaux et la décomposition lente des éléments, soit par secousses gigantesques, par d'immenses cataclysmes qui anéantissaient sous une couche nouvelle tout ce qui avait pris vie sur la précédente, animaux comme végétaux. »

On était arrivé au pied de la colline ; les sons du cor se firent entendre, et bientôt le vieux piqueur apparut.

« Venez, mon jeune maître, lui dit-il, la bête est rendue ; dans dix minutes nous aurons rejoint la chasse ; on vous attend pour faire la curée. Monsieur l'abbé va monter en croupe avec moi, vous ouvrirez la marche sur votre poney.

— Allez, mes enfants, répondit le prêtre s'excusant sur les exigences de son pieux ministère ; pendant que vous tuerez les loups, moi je ramènerai les brebis égarées. »

Et il s'éloigna, promettant une nouvelle leçon à son jeune élève.

Le piqueur avait dit vrai ; dix minutes après Abel mettait pied à terre dans la clairière où tous les chasseurs étaient réunis.

Le cerf était une magnifique bête ; on l'éventra, et la meute fut lâchée ; puis le cor donna, et l'on rejoignit le pavillon, où un excellent déjeuner attendait les chasseurs.

Les jours s'écoulent bien vite quand on est heureux. Le mois des vacances touchait à sa fin ; mais, disons-le, ce moment qui, chaque année, semblait venir trop tôt pour lui, cette fois il l'attendait avec impatience. C'était l'époque fixée pour l'arrivée de sa petite cousine Edmée, et l'on peut affirmer qu'il ne regretta pas les montagnes des Cévennes et les plaisirs de toutes sortes qu'il y avait goûtés.

Mais Abel était déjà à Paris depuis quelques jours, et Edmée n'apparaissait pas. Voyons un peu ce qui retardait la méchante enfant.

Le bateau vogue à toute vapeur vers le nouveau

continent. C'est le soir, le soleil est couché depuis plus d'une heure ; les passagers, réunis à l'avant du bateau, goûtent quelques instants de fraîcheur. M. Verteil se tient debout, appuyé contre un sabord ; Edmée est assise aux pieds de sa mère, et sa jolie tête blonde repose sur les genoux de celle-ci.

Rien n'excite la curiosité des enfants comme les mystérieuses profondeurs d'un ciel étoilé. Aussi Edmée faisait-elle mille et une questions auxquelles son père s'empressait de répondre.

« Quelle est donc cette belle étoile qui ne scintille pas comme les autres, mais qui est bien plus brillante ? demanda-t-elle.

— Ce n'est pas une étoile, mon enfant, c'est une planète, répondit M. Verteil, qui continua : Les anciens ont longtemps cru que les étoiles qu'ils voyaient marcher de l'Orient à l'Occident, que le soleil qui se levait à l'est et se couchait à l'ouest, étaient tous animés d'un mouvement commun autour de la terre. Aujourd'hui, on sait que c'est au contraire la terre qui tourne sur elle-même en vingt-quatre heures, et que les étoiles sont fixes. Galilée le premier a émis cette opinion et n'a pas été cru ; quelque difficile à admettre que soit cette hypothèse, elle s'explique cependant assez naturellement. Lorsque tu es dans un bateau qui file doucement et sans secousse, au courant d'un fleuve, ne te semble-t-il pas que ce sont les rives qui s'enfuient, que les arbres marchent, que les maisons courent dans le sens opposé à celui du courant ? La même illusion existe pour nous, lorsque nous considérons les astres : il semble que ce sont eux qui sont animés et que la terre est immobile. Cependant, parmi les sphères brillantes qui couvrent le ciel, il y en a qui scintillent, c'est-à-dire que leur éclat a quelque chose de changeant et de miroitant : ce sont les étoiles ; d'autres, au contraire, ont une lumière fixe et invariable : ce sont les planètes. Ce n'est pas là la seule différence : les étoiles conservent toujours, vis-à-vis de leurs voisines, la même distance, et, lorsque tout le ciel marche d'un seul mouvement, les étoiles ne changent pas de position relative. On dirait que tous ces corps célestes sont fixés à une voûte qui tourne seule, sans que les étoiles bougent le moins du monde. Les planètes, au contraire, s'avancent au milieu des étoiles. Tout à l'heure telle planète était à côté de telle étoile ; maintenant elle se rapproche de telle autre, dans un instant elle sera très-loin de la première, et aura dépassé ce groupe qu'elle traverse en ce moment. Voilà la véritable différence. Mais tout cela ne dit pas la nature de tous ces corps si nombreux qui remplissent l'espace. J'y arrive. On pense que le soleil est un corps formé de plusieurs enveloppes concentriques. Il y a un noyau central qui est obscur, et une enveloppe extérieure qui est lumineuse. Or, il est prouvé aujourd'hui que toutes les étoiles sont de véritables soleils qui ont une lumière à eux ; seulement ils sont placés à des distances énormes, ce qui nous les fait voir si petits. Presque tous ces soleils ont des planètes, c'est-à-dire des astres qui tournent autour d'eux et ne les quittent pas. Nos yeux ne nous permettent de voir que les planètes qui suivent le soleil qui nous éclaire. Ce sont précisément celles que nous apercevons : Vénus, par exemple, ou, comme on dit vulgairement, l'*étoile du berger*, l'*étoile du matin*. Mais ce qui va t'étonner encore davantage, c'est que la terre que nous habitons n'est autre chose qu'une planète qui tourne autour de notre soleil dans l'espace de trois cent soixante-cinq jours ou une année.

— Mais, papa, s'écria la petite Edmée, toutes les planètes que tu m'as montrées étaient lumineuses ; la terre ne l'est cependant pas.

— Mon enfant, les planètes n'ont pas de lumière par elles-mêmes ; elles ne sont lumineuses que par les rayons que le soleil leur envoie. Ainsi, s'il y avait des habitants dans la planète Vénus, par exemple, ils verraient la terre aussi brillante que nous voyons Vénus elle-même. Tu vois que notre petite terre est bien peu de chose ; car c'est une des plus petites de toutes les planètes qui entourent le soleil. Maintenant il est une chose bien curieuse aussi, c'est que beaucoup de planètes ont à leur tour de petites planètes qui tournent autour d'elles, comme les grandes autour du soleil.

— La terre a-t-elle une planète aussi ?

— Ces petites planètes des planètes s'appellent satellites, et la terre en a un, c'est la lune.

— La lune ! Oh ! que c'est drôle ! s'écria la petite fille, en battant des mains ; quel bonheur, nous avons un satellite ! »

M. Verteil ne put s'empêcher de sourire à cette charmante naïveté.

« Oui, mon enfant, nous avons un satellite ; et c'est

nous qui l'éclairons. Car la lune n'a de lumière que celle qu'elle tient du soleil.

Je te disais donc que toutes les étoiles sont des soleils, mais ces soleils sont placés à des distances qu'il est impossible de calculer. On assure que la plus rapprochée de nous n'est pas à moins de deux cent millions de lieues de la terre. Je t'ai déjà dit une fois, à propos du soleil, que le son parcourt environ trois cent trente mètres en une seconde. La lumière a une rapidité bien autrement considérable. On a calculé qu'un rayon lumineux parcourt soixante-dix mille lieues en une seconde. C'est énorme, n'est-ce pas ? eh bien ! écoute : que penserais-tu d'une étoile dont la lumière ne nous arriverait qu'au bout d'une minute, c'est-à-dire soixante secondes ? Elle serait extrêmement éloignée. Si cette lumière mettait une heure, un jour, une année, c'est à perdre la tête, n'est-ce pas ? eh bien, mon enfant, on a constaté que des étoiles avaient mis quatre mille ans pour nous envoyer leur lumière. Vois maintenant ce qu'est la terre en face de pareilles immensités, et ce que nous sommes nous-mêmes... »

Le lendemain l'entretien fut continué.

Ce soir-là il n'y avait pas de lune ; les étoiles étaient si multipliées qu'on pouvait à peine en fixer une sans la confondre avec d'autres.

« Comment se fait-il, demanda la petite fille, qu'il y a plus d'étoiles aujourd'hui qu'hier ?

— Mon enfant, il y en a autant tous les jours ; seulement, quand la lune brille, sa clarté fait tellement pâlir celle des autres astres, qu'il n'y a que les plus lumineux et les plus rapprochés que nous puissions apercevoir.

C'est un effet bien naturel et dont on voit des exemples à tout instant. Le soir, dans la campagne, on aperçoit de très-loin la lumière d'un foyer, qu'on ne verrait pas dans le jour à une distance moindre de moitié.

— Quelle est donc cette espèce de bande blanche qui parcourt tout le ciel, on dirait une grand'route?

— Mon enfant, c'est la *Voie lactée*. La Voie lactée a, de tout temps, excité la curiosité des savants. Les poétiques fictions de l'antiquité en avaient fait une fable charmante et très-ingénieuse. Ils prétendaient qu'Hercule enfant avait un jour mordu le sein de sa mère Junon, et que le lait qui s'en était échappé s'était répandu dans le ciel en produisant cette grande tache blanche que tu remarques. Aujourd'hui que la science a à sa disposition de puissants instruments d'optique, on a reconnu que la Voie lactée est une réunion d'étoiles si nombreuses, que leur ensemble produit cet aspect blanchâtre. Et de fait, si l'on se sert d'une lunette astronomique, tout l'espace du ciel compris dans le champ de l'instrument apparaît rempli d'un nombre infini d'étoiles. Plus l'instrument est puissant, plus les étoiles paraissent nombreuses.

En dehors des différents corps célestes dont je viens de te parler, il y en a d'autres qui semblent soumis à une marche beaucoup plus irrégulière, ce sont les comètes, ces astres chevelus qui traînent après eux une queue quelquefois si longue et si brillante. Le noyau, c'est-à-dire la tête de la comète, paraît être de la même nature que les étoiles en général; quant à la traînée lumineuse qui la suit, on a fait sur sa constitution mille hypothèses qui, aujourd'hui encore, n'ont pas amené la science à une explication bien satisfaisante. Il y a encore ce qu'on appelle les étoiles filantes, ces petites étoiles qui sillonnent la nuit avec tant de rapidité et qui s'éteignent brusquement. Ce ne sont pas des astres; ce sont tout simplement de petits météores, gros comme le poing tout au plus, lesquels sont composés de matières diverses très-inflammables. Ces météores tombent, attirés par la terre, et, en traversant notre atmosphère, prennent feu au contact de l'air. Car il ne faut pas t'imaginer que les espaces où tu vois toutes ces étoiles soient remplis d'air. La couche d'air qui environne la terre n'a pas plus de seize lieues environ de hauteur.

On a fait beaucoup de fables sur les prétendus habitants des autres planètes et de la lune en particulier. Les planètes, en général, n'ont pas d'atmosphère ; il est constaté que la lune n'est pas habitée par des êtres comme nous, ou même comme les animaux que nous connaissons. Car on a prouvé que, la lune n'ayant pas d'atmosphère comme la nôtre, ses habitants, s'il y en a, ne pouvaient être en rien semblables à ceux de la terre. Sans air, il n'y a pas d'eau ; il faudrait donc admettre que les êtres qui pourraient vivre dans la lune fussent constitués de manière à se passer d'eau et d'air. Quel serait leur mode d'existence ? Nous n'en savons rien. »

C'est ainsi que le temps s'écoulait rapidement pour notre petite amie. Un jour, tout l'équipage se trouva réuni sur le pont. Tous les yeux étaient tournés vers un même point de l'horizon. On avait aperçu la terre. En effet, le lendemain matin, on était en vue de la côte d'Angleterre.

On relâcha à Bristol. La famille devait prendre le lendemain un bateau à vapeur en partance pour le Havre.

Quelques heures avant le départ, M. Verteil se promenait avec Edmée sur le port, lui faisant admirer les bateaux de toutes dimensions, de toutes formes, de tous pays, qui se croisaient sous les yeux, lorsqu'une épouvantable détonation arracha un cri de terreur à la petite fille. Tout le port fut un moment en proie à une agitation indicible; chacun regardait dans la direction d'un immense nuage de fumée qui s'élevait à une lieue environ du rivage. C'était un bateau à vapeur qui venait de sauter. Parmi les cris, les propos entrecoupés de la foule, M. Verteil distingua le nom de *Vengeur*. C'était le bateau qui devait le transporter au Havre quelques heures plus tard et qui n'existait plus. On mit aussitôt cent canots à la mer pour venir au secours de ceux de l'équipage qui auraient pu échapper à la catastrophe. Mais bientôt tous les canots revinrent les uns après les autres. Dix personnes sur cent avaient été sauvées. Les quelques chaloupes qui sillonnèrent encore les alentours ne trouvèrent que des cadavres horriblement meurtris.

Il fallut attendre qu'un nouveau bateau fût prêt à partir, c'était un retard de deux jours.

Et voilà comment Abel et son père restèrent longtemps sur la jetée du Havre, regardant, comme sœur Anne, s'ils ne voyaient rien venir.

Mais bientôt le bruit de l'événement se répandit au Havre, et le père d'Abel, rassuré sur les siens, profita de ce retard pour faire visiter à son fils les curiosités du port.

Le surlendemain, les deux frères s'embrassaient tendrement, tandis que cousin et cousine, après s'être longuement regardés pour s'assurer qu'ils ne s'étaient jamais vus, finirent par imiter leurs parents, et bras dessus, bras dessous, les deux familles réunies rentrèrent à l'hôtel.

On revint sur le passé, puis on s'embrassa de nouveau. Edmée montra la boîte de cassonade à son cousin et s'écria : « Figure-toi que je rêvais quelquefois que tu ressemblais à un singe ou à un perroquet. » Et les deux enfants de rire à gorge déployée.

On raconta la catastrophe du bateau dans tous ses détails ; et M. Verteil remit à un autre jour l'explication des bateaux à vapeur et de la cause de l'accident.

V

LA VAPEUR. — LA BOTANIQUE. — LES LOCOMOTIVES ; LA BETTERAVE ET LA CANNE A SUCRE ; LES DIVERSES BOISSONS ; PHÉNOMÈNES DE LA VÉGÉTATION ; LE CAOUTCHOUC.

Pour nous, lecteurs, qui n'avons pas de parents à embrasser après de longues années d'absence, nous n'avons pas les mêmes raisons de remettre au lendemain. Nous allons donc laisser nos deux petits héros exprimer leur joie par toutes les extravagances, toutes les gambades possibles, et nous nous occuperons un peu de choses sérieuses.

Les locomotives des chemins de fer, comme les machines des bateaux à vapeur, reposent sur un principe très-simple. Vous savez tous que l'eau, soumise à l'influence de la chaleur, se change en vapeur ; vous en avez la preuve chaque fois que votre cuisinière soulève le couvercle d'une marmite. Mais cette espèce de fumée qui s'en échappe n'est plus déjà ce qu'on appelle la vapeur d'eau ; elle est *condensée*, c'est-à-dire passée à l'état de nuage comme vous en voyez dans le ciel et qui tombe en pluie. La véritable vapeur est invisible ; elle se dégage de la surface de l'eau, même à la température ordinaire, mais, sous l'influence de la chaleur, l'eau se vaporise bien plus rapidement.

Cette vapeur d'eau occupe un volume beaucoup plus considérable que celui de l'eau qui la produit ; un litre de liquide donne environ dix-sept cents litres de vapeur, et que vous arriviez par un procédé à faire brusquement revenir toute cette vapeur à l'état d'eau, vous produirez dans le récipient un vide très-considérable. Or, ce procédé a été découvert ; il consiste à refroidir brusquement la vapeur. Arrivons à l'application de ce principe. Supposons un instant que vous fassiez arriver dans le tuyau d'une seringue (ne riez pas) une certaine quantité de vapeur d'eau, l'orifice pointu de l'instrument étant bouché, le piston de la seringue sera en haut de sa course, c'est-à-dire en dehors. Vous faites brusquement refroidir la vapeur en plongeant l'instrument dans de l'eau glacée, par exemple. Aussitôt cette vapeur se condense, le vide se fait dans la seringue et attire le piston jusqu'au fond avec une force considérable. Voilà donc un mouvement produit par la seule force de la vapeur condensée ; faites de nouveau arriver de la vapeur, le même phénomène se produit ainsi que le même mouvement. Il est bien entendu qu'il y aura à un point quelconque de l'instrument un orifice par lequel vous ferez parvenir la vapeur.

Eh bien, au lieu d'une seringue, ayez un tuyau cylindrique très-fort, très-résistant ; au lieu de la tige et du piston de la seringue, que ce soit un piston et une tige en fer ou en cuivre, vous obtiendrez également un mouvement de va-et-vient du piston.

Reste à utiliser et à appliquer ce mouvement.

Attachez l'extrémité de la tige du piston à la manivelle d'un orgue de Barbarie, son mouvement fera tourner cette manivelle, et l'orgue jouera. Si maintenant tout l'appareil repose sur une voiture, et qu'au lieu d'attacher la tige à un orgue de Barbarie, vous la fixiez par une manivelle également à la roue de cette voiture, il arrivera tout simplement que la voiture marchera d'elle-même. Voilà une locomotive *en herbe*, pour ainsi dire. Je ne veux pas entrer dans tout le détail des perfectionnements apportés à la machine pour arriver de la simplicité que je viens de vous décrire à l'état où nous voyons aujourd'hui les locomotives. Mais le principe est seul important à connaître.

Les rails des chemins de fer ne servent qu'à guider la marche de la locomotive, et les wagons suivent le mouvement.

Si maintenant, pour en revenir à notre simple appareil, vous fixez la manivelle à une roue à palettes, et que vous transportiez le tout sur un bateau, les palettes, convenablement disposées, feront l'office de rames, et votre bateau marchera tout seul. Voilà le bateau à vapeur tout trouvé.

Désormais vous pouvez juger quelle puissance redoutable réside dans la vapeur, à voir ses effets tant sur les chemins de fer que dans les bateaux. Comment se fait-il maintenant qu'une machine éclate ? S'il survient que le piston où arrive la vapeur soit trop faible, il se brise, et alors produit d'horribles dégâts. Généralement la force de résistance du piston est proportionnée au travail qu'on veut faire produire à la vapeur ; en d'autres termes, on sait qu'un piston de telle grosseur peut faire marcher tant de wagons ou un bateau de tant de tonneaux ; si l'on dépasse cette limite, il peut se faire que la machine éclate. Mais il arrive aussi que petit à petit le feu altère quelque partie de la machine, et alors, tout en ne lui faisant pas produire plus qu'elle n'est capable de le faire à l'état ordinaire, les parties altérées ne résistant pas comme les autres, le brisement a lieu.

C'est ainsi que le *Vengeur*, tout en ne filant pas avec une vitesse exagérée, sauta au moment d'arriver au Havre.

. . . .

. . . .

. . . .

La famille Verteil revint à Paris ; ils se logèrent dans une maison voisine, et bientôt s'établit entre les deux ménages une communauté d'occupations qui fit la joie de tous. Le soir même de l'installation, Edmée ouvrit sous les yeux de son cousin la mystérieuse boîte de cassonade, Abel, de son côté, courut à une armoire, et en tira un coffret qu'il apporta triomphalement à sa cousine. C'était le sucre brut, premier résidu de la betterave que le cher enfant avait cultivée avec tant de soin. Il fut décidé en conseil de famille que, dès le lendemain, on travaillerait à la fabrication des deux bâtons de sucre d'orge. Edmée jura que le sien serait le meilleur. Abel défendit son produit ; on fit des paris : le juge ne pouvant être choisi parmi les parents, dont on eût pu suspecter la partialité, il fut décidé que M. Ratois serait pris pour expert ; celui-ci fit le serment d'être impartial.

M. Ratois était un vieil homme sec, maigre, gris, portant des culottes courtes, un gilet à pans, accoutrement qui le faisait suivre de tous les gamins du quartier ; une antiquaille transplantée dans notre siècle avec les habitudes et le costume de la Révolution. Il remplissait depuis quarante ans les fonctions de factotum dans la maison Vertcil ; il avait vu naître les deux frères, pères de nos héros ; il les chérissait également. On pouvait donc se reposer sur son jugement. Le brave homme accepta avec joie la proposition, et promit de décerner impartialement à la canne ou à la betterave la palme du délectable.

Le lendemain donc, les enfants se transportèrent à la raffinerie.

Le sucre de betterave s'extrait de cette plante par des procédés fort simples en apparence, mais assez longs et assez délicats en réalité ; du reste, le mode de préparation est sensiblement analogue à celui qu'on emploie pour le traitement de la canne ; c'est la pression qui extrait le jus, et celui-ci subit des purifications successives qui se rapprochent beaucoup de ce que l'on met en usage pour le jus de la canne. Le jus de la betterave fut mis dans un appareil à part; la cassonade fut également isolée. Tous deux furent mis dans une chaudière et soumis à une cuisson lente. Nos deux enfants ne s'amusèrent pas à souffler le feu et à attendre que l'opération soit finie. La cuisson dura, en effet, plusieurs heures; M. Ratois en profita pour les emmener dans le jardin.

La première action d'Abel fut de courir à la fontaine, et lâchant le robinet, de se rafraîchir à pleine eau.

M. Ratois fit les grands yeux et gronda son jeune maître.

« Ce n'est pas que l'eau soit mauvaise à boire, lui dit-il, mais il faut la boire à propos; du reste, on boit peu d'eau naturelle dans le monde, jugez-en vous-même : Les Chinois boivent du thé et du sacky; les Orientaux, du café et du raky; les Russes, du thé, du kwass et du champagne; les Allemands, de la bière, du genièvre et du bischoff; les Anglais, du thé, de la bière, du gin, du whisky, du brandy et du porto; les Français boivent de la piquette, du cidre, du vin et beaucoup d'infusion de campêche; les Espagnols se désaltèrent avec du chocolat; les Italiens, avec des glaces; les Arabes ne connaissent que du kawa; les Indiens s'enivrent d'arek et de calon; les Circassiens, d'hydromel, et les Baskirs, de koumiss; les Américains consomment beaucoup de tafia et de grog, beaucoup de thé et de maté; dans l'île de Chypre, on fait du vin de figue; en Tartarie, on fabrique du kara-kosmos avec du lait de jument, et à Madagascar, du rang ou du vin de palmier et du baricot; les Brésiliens font fermenter le maïs, et les nègres le millet; les marins boivent de l'eau distillée; les financiers boivent du château Eyquems, et les dieux, du nectar, ajouta-t-il en riant. »

Edmée se récria, et Abel prétendit que M. Ratois avait oublié de parler de l'abondance, boisson très-usitée dans certains parages fréquentés par la jeunesse.

On était au jardin, et M. Ratois, qui avait de grandes connaissances en botanique, commença en ces termes :

« La seule différence qui existe entre les plantes et les animaux, c'est que ceux-ci ont la faculté de sentir et celle de se mouvoir. Cette différence n'est même pas générale; car on a constaté que certaines plantes n'étaient pas dénuées de mouvement. Témoin les tournesols, cette longue plante qui offre une fleur large et jaune dont vous avez sans doute mangé les graines. Le tournesol tourne toujours sa face vers le soleil Plusieurs plantes marines se meuvent réellement et vont s'attacher à tel et tel rocher, à tel et tel coquillage. Il y a plus : on a même prétendu que certaines plantes possèdent la propriété de sentir. Il est des fleurs qui se referment dès qu'un corps étranger les touche, comme si elles éprouvaient une véritable douleur; d'autres se replient brusquement dès qu'un insecte vient se poser sur leurs pétales ou sucer leur miel, et emprisonnent ainsi l'imprudent qui s'est adressé à elles. Mais tous ces faits rentrent dans le domaine des exceptions, et l'on peut dire que les plantes en général sont privées de la faculté de sentir aussi bien que de celle de se mouvoir.

Il faut distinguer chez elles deux genres de fonctions, comme chez les animaux. Celles qui regardent la nutrition et celles qui concernent la conservation et la reproduction de l'espèce.

Occupons-nous d'abord des fonctions de nutrition.

On distingue la nutrition aérienne et la nutrition terrestre ; la première s'opère par les parties vertes, telles que feuilles, tiges, etc.; la seconde, par la racine.

La nutrition aérienne n'est, à proprement parler, qu'une respiration. Vous avez sans doute remarqué que certaines feuilles sont munies d'une espèce de duvet semblable à des poils, plus fréquents à la partie postérieure qu'à la partie antérieure de la feuille. Ces espèces de poils, si petits qu'ils vous paraissent, sont des conduits destinés à amener l'air extérieur dans l'intérieur même de la feuille. La feuille est d'abord recouverte d'une pellicule très-mince, transparente, semblable à une pelure d'oignon, qui recouvre la partie verte appelée *chlorophylle*. La chlorophylle est le véritable poumon de la plante; c'est elle qui décompose l'air pour lui prendre l'acide carbonique qui s'y trouve mélangé, et rend de l'oxygène libre, de façon à contre-balancer l'influence pernicieuse de la respiration animale sur l'air respirable. Un fait assez curieux, c'est que la partie verte ou chlorophylle ne se colore que sous l'influence de la lumière solaire. On a exploité cette propriété pour les besoins de l'art culinaire. Vous avez sans doute mangé de la laitue en salade? eh bien, cette laitue blanche ou légèrement jaune n'a pas poussé au soleil : elle serait verte comme l'herbe des prés. On a eu soin de la laisser croître dans un endroit obscur, une cave, par exemple; ou bien encore on a lié en faisceau la partie supérieure des plants de laitue; de cette façon, on soustrait les pousses mouillées et les feuilles du milieu à l'influence du soleil. On obtient alors cette salade blanche et dorée, qui n'eût pas été mangeable si elle avait crû au grand jour; car elle eût été molle, sans consistance, et aurait surtout contracté une amertume insupportable, particulière à sa matière colorante verte.

Revenons à la respiration des plantes.

Cette respiration se fait, avons-nous dit, par l'intermédiaire de la partie verte ; celle-ci retient l'acide carbonique de l'air ; mais que fait-elle de cet acide carbonique ? Elle le décompose également : elle renvoie de l'oxygène et garde du carbone, c'est-à-dire du charbon, qui est la matière essentielle pour donner à la plante de la consistance et de la solidité.

A propos de carbone, continua M. Ratois, une petite digression en faveur de ce corps si curieux.

Le carbone est un corps très-répandu dans la nature ; il entre dans la composition de toutes les plantes et particulièrement des arbres, car, lorsque le bois a été convenablement préparé, on obtient du charbon, matière bien connue, qui n'est autre chose que du carbone presque pur. La houille, ou charbon de terre, est du carbone combiné à quelques substances étrangères ; mais le carbone pur, essentiellement pur, se présente dans la nature sous un aspect bien différent de tous ceux que je viens de citer. Le carbone pur, c'est le diamant !...

« Mais, allez-vous dire, pourquoi le diamant est-il si

rare et si cher? » C'est que le diamant est du carbone cristallisé, de même que le sucre candi est du sucre cristallisé.

Or, l'industrie humaine, pas plus que la chimie, n'a pas trouvé le moyen de cristalliser le carbone pour en faire du diamant. La nature a ses secrets.

Les plantes absorbent donc du carbone et rendent de l'oxygène. Voilà leur respiration.

Passons maintenant à la nutrition terrestre des plantes, c'est-à-dire aux racines.

Il y a une grande variété dans les espèces de racines. En général, la racine se compose d'une tige principale qui se bifurque et se ramifie en radicelles très-nombreuses parfois. A l'extrémité de chaque radicelle se trouve un appareil aspirateur destiné à absorber les matières nécessaires à la séve; ces matières se combinent dans la racine elle-même. La séve est toute formée lorsque le liquide nutritif arrive au point de jonction de la racine et de la tige, c'est-à-dire au *collet*. Elle monte ensuite par des vaisseaux particuliers qui sont réunis en faisceaux; à côté de ces vaisseaux se trouvent ceux qui amènent le suc propre de la plante, sur lequel je reviendrai tout à l'heure.

Ces faisceaux se ramifient et forment dans la feuille ce qu'on appelle les nervures; ce sont ces côtes qui partagent la feuille en parties généralement égales et symétriques.

On appelle suc propre d'une plante, le suc particulier à cette plante, et dans lequel résident les propriétés de la plante qu'on utilise, soit pour les usages de la cuisine, soit pour la médecine, soit encore ceux qui rendent la plante dangereuse comme poison.

Nous avons dit que les plantes absorbent par les racines les matières utiles à la séve. Ces matières se trouvent renfermées dans une terre arable. Telle plante a besoin de telle substance, qui serait, au contraire, nuisible à telle autre. Le terrain nécessaire à la pomme de terre ne renfermerait pas les substances nécessaires au chou, et ainsi de suite. Il faut savoir choisir le sol pour y planter le végétal qui y trouvera sa nourriture.

Un fait assez curieux, c'est celui qu'ont produit certains végétaux qui, ne trouvant pas à se nourrir dans le lieu où ils étaient plantés, envoyaient des ramifications de leurs racines à des distances très-considérables pour y chercher l'aliment nécessaire.

Après ce rapide coup d'œil sur la nutrition des végétaux, passons aux fonctions qui concourent à la reproduction de l'espèce. C'est ici surtout que la nature a fait preuve de la plus merveilleuse sollicitude.

Chez les végétaux comme chez les animaux, on distingue les deux sexes. C'est dans la fleur que résident les organes fructifères.

L'organe mâle s'appelle pistil ; il constitue ces petits appendices qui partent du calice de la fleur, ressemblant à de petits filets généralement disposés autour d'un point commun comme centre. Ce point commun, c'est l'organe femelle ; il est rarement simple, et se compose de plusieurs parties semblables entre elles qu'on appelle étamines. Parfois les étamines d'une fleur se réunissent en un faisceau commun qui s'élève au milieu du calice, et, dans certaines fleurs, dépasse en longueur les pistils qui l'entourent.

L'organe mâle ou pistil se compose d'un filet plus ou moins long, terminé par un renflement à sa partie supérieure. Ce renflement est proprement le siége de l'organe ; c'est là que se forme ce qu'on nomme le pollen, cette poussière jaune que vous voyez dans le calice de certaines fleurs.

Le pollen est la matière fécondante qui, tombant à un certain moment sur les étamines, leur donne la faculté de former le fruit et la graine. Par une admirable attention de la nature, c'est pendant que la plante est décorée de ses plus riches fleurs, que l'acte mystérieux de la fécondation se produit. Les étamines, après avoir reçu le pollen, se referment ; bientôt, les pétales des fleurs jaunissent, se dessèchent et tombent, le fruit se noue, se développe, pendant que la graine qu'il renferme mûrit et devient propre à la reproduction d'un individu de la même espèce.

Certaines plantes portent dans la même fleur l'organe mâle et l'organe femelle ; d'autres ne portent qu'un seul organe dans une seule fleur. Il en est qui portent des fleurs où se trouvent des étamines et, sur le même pied, des fleurs où l'on rencontre des pistils. Lorsque les deux organes se trouvent sur la même fleur, la fécondation par le pollen est très-simple : la poussière jaune tombe et est recueillie par les étamines. Quand la même plante porte des fleurs exclusivement mâles et des fleurs exclusivement femelles, le vent sert d'intermédiaire. Il suffit du reste d'un seul grain de pollen pour féconder.

Dans les grandes forêts, il ne faut pas croire que le vent, qui produit de si harmonieux murmures, ne souffle que pour charmer nos sens : il y a des arbres exclusivement mâles, dont le pollen est porté au loin par le vent et recueilli par les femelles, dont l'éloignement rendrait la fécondation impossible.

A ce propos, une anecdote :

Lorsque le premier dattier fut importé en France, on le planta au Jardin des Plantes. Le professeur qui faisait un cours expliquait à ses élèves la théorie de la fécondation par la transmission du pollen : « Le dattier que nous avons reçu est un arbre femelle, disait-il; jamais il ne portera de fruits, tant que nous n'aurons pas à lui donner pour voisin un dattier mâle. »

Quelques jours après, le dattier fleurit, à la grande stupéfaction des élèves et du professeur; les pétales des fleurs tombèrent et le fruit se développa petit à petit. Grande rumeur parmi les jeunes gens qui suivaient le cours. Le professeur maintint son dire. Pendant plusieurs jours, il ne reparla plus du dattier. Un beau matin, il revint triomphant au cours : « J'ai trouvé ! s'écria-t-il, j'ai trouvé ! Je me doutais bien que si notre dattier femelle avait fleuri, c'est que quelque grain de pollen venant d'un dattier mâle avait été apporté par le vent. J'ai fait des recherches, j'ai visité les jardins des principaux amateurs; quelle ne fut pas ma joie en apercevant, dans un de ces derniers, un superbe dattier mâle, dont le pollen avait nécessairement été transporté jusqu'à nous, en franchissant un espace de plus de deux kilomètres. »

Les élèves applaudirent.

« Vous avez peut-être remarqué, après une pluie violente, une pluie d'orage principalement, la terre couverte, sur le bord des ruisseaux, par une poussière jaune ressemblant à du soufre en poudre. L'imagination populaire s'est toujours laissé abuser par les apparences, et aujourd'hui, dans nos campagnes, on est encore convaincu qu'il pleut du soufre. Cette poussière n'est autre chose que le pollen des grands arbres, que le vent chasse dans l'air et que la pluie entraîne en tombant.

Dès que les pétales de la fleur tombent, le fruit se montre d'abord, grossit, mûrit, puis la graine, qu'il renferme dans un noyau comme la cerise, ou en pepins comme la pomme, la graine, dis-je, tombe sur le sol, la pluie l'enfonce un peu dans la terre; les feuilles sèches recouvrent tout cela, et l'hiver arrive. Lorsque le printemps vient, le noyau de la graine s'ouvre, la graine entre alors dans la phase de la germination. Au bout de quelque temps, du milieu de la graine sort un germe, petit, faible, tendre mais qui grandit bientôt, alimenté par la substance elle-même de la graine mère : cette substance est généralement composée de fécule. Le germe sort de terre; en même temps, il a envoyé une racine dans une direction opposée, et les parties principales de la plante sont désormais constituées. La graine pourrit à son tour, et la jeune plante vit de sa vie individuelle et indépendante.

Voilà en quelques mots l'histoire abrégée de la plante en général.

— Cela nous suffit, Monsieur Ratois, dit la petite Edmée, qui commençait à trouver la leçon un peu longue et qui n'écoutait plus. N'avez-vous pas parlé tout à l'heure de diamants?... C'est bien cher, des diamants?

— Oui, mon enfant, très-cher : le moindre diamant coûte cinq cents francs, mille francs, et je parle ici des diamants de petites dimensions; mais, s'il était question de beaux diamants, nous ne compterions plus que par millions.

— J'ai souvent entendu parler des diamants de la couronne, ces diamants-là doivent être très-beaux.

— Et coûtent fort cher, oui, mon enfant. La France possède depuis des siècles, malgré les changements de régimes politiques, un trésor d'une valeur approximative de vingt et un millions de diamants, le *Régent* compris. En 1791, la quantité de diamants constatée par l'inventaire de 1774 montait à 7,482. Il en fut vendu depuis, à diverses fois, la quantité de 1,471, mais les achats faits pour compléter la garniture de boutons et l'épée du roi Louis XVI en portèrent le nombre à 9,547. L'inventaire détaillé des diamants de la couronne, fait en 1791, forme deux volumes in-octavo.

Cette magnifique collection fut malheureusement volée en 1792. Après les journées sanglantes du 10 août et du 9 septembre, ce riche dépôt fut fermé au public, et la commune de Paris fit mettre les scellés sur les armoires dans lesquelles étaient déposés la couronne, le sceptre, la main de justice et les autres ornements du sacre, la chapelle d'or léguée à Louis XIII par Richelieu, avec toutes ses pièces enrichies de diamants et de rubis, et la fameuse nef d'or pesant 106 marcs, plus une quantité prodigieuse de vases d'agate, d'améthyste, de cristal de roche, etc.

Le 17 septembre 1792, dans la matinée, on s'aperçut que des voleurs s'étaient introduits dans les vastes salles du Garde-Meuble, qu'ils avaient enlevé les trésors inestimables renfermés dans les armoires, et qu'ils avaient disparu sans laisser d'autres traces de leur passage que l'escalade de la colonnade et de l'une des fenêtres du côté de la place Louis XV. Une lettre anonyme, adressée à la commune de Paris, révéla une cachette où l'on retrouva, entre autres objets, le *Régent* et la coupe d'agate-onyx connue sous le nom de *Calice de l'abbé Suger*. L'empereur Napoléon Ier fit rechercher ensuite et racheter par toute l'Europe tout ce que l'on put retrouver des diamants et objets d'art disparus, et ces recherches eurent un plein succès. On établit, en 1810, un inventaire dont le chiffre était : en pierres, de 37,303, d'une valeur monétaire de 18,922,477 fr. 83 c. Le récolement fait en 1815, après les cent jours, constata que rien n'avait été dérangé. Il y eut ensuite de nouveaux achats, car l'inventaire de 1832 présente un effectif de 64,812 pierres de toutes natures, pesant 18,750 carats 23/32, évaluées à 20,900,260 fr. Plusieurs des anciens diamants ont été perdus pour la couronne. Le *Sancy*, volé en 1792, appartient aujourd'hui au prince Demidoff, la magnifique opale l'*Incendie de Troie,* qui avait appartenu à l'Impératrice Joséphine, a disparu également plus tard, ainsi qu'un très-beau diamant de 34 carats, fourni par M. Elias à l'empereur Napoléon Ier, lors de son mariage. On croit pourtant que c'est cette pierre qu'il perdit à Waterloo.

En 1848, lors du transport des diamants au Trésor, il fut volé, dans ce court trajet, un écrin contenant deux pendeloques en roses et un bouton de chapeau d'une valeur de 250,000 fr.

En somme, les diamants de la couronne de France forment, par leur ensemble, leur beauté hors ligne et le bon goût de leur monture, une des plus belles collections du monde entier. On y admire surtout soixante très-beaux diamants pesant chacun 25 à 28 carats.

Terminons par un mot sur les diamants étrangers les plus remarquables.

Le plus volumineux est assurément celui dit du roi de Portugal. Il provient du Brésil et pèse, dit M. Mawe, 1 680 carats. Il valut à l'esclave qui le découvrit sa liberté et une pension viagère pour lui et sa famille. Il est jaune foncé et a la forme d'un poids gros comme un œuf de poule. On l'estime 7 milliards 500 millions. Il est à l'état brut :

Les autres beaux diamants étrangers sont :

L'*Etoile du Sud*, qui, brut, pesait 254 carats 1/2, et fut acheté par MM. Halphen. Depuis la taille, il ne pèse plus que 124 carats 1/4. Il est d'une forme ronde-ovale très-gracieuse.

Le diamant du rajah de Matun, à Bornéo ; il pèse brut 368 carats. Il a été trouvé, en 1787, aux environs de Landackt. En 1820, le gouverneur de Batavia fit offrir au rajah, en échange de cette belle pierre, deux bricks de guerre avec leurs canons, leurs munitions et une grande quantité de poudre, de mitraille et de boulets, plus une somme de 150 000 dollars, qu'il refusa.

Le *Nizam,* qui appartient au roi de Golconde; il pèse brut 340 carats et est évalué 5 millions.

Le *Grand-Mogol,* ainsi nommé du nom de son possesseur; il pesait brut 780 carats 1/2, mais la taille le réduisit à 277 carats 9/16. Il est taillé en rose et a la forme d'un œuf coupé transversalement. On l'estime 12 millions. On dit que ce diamant est maintenant en Perse, sous le nom de *Dér-aï-noor* (Océan de lumière).

Le *Ko-hi-noor* (Montagne de lumière), le plus ancien diamant connu, pesait 186 carats 3/4, et était estimé 3 500 000 fr. Retaillé après son acquisition par les Anglais, il a bien diminué de valeur.

L'*Orlow,* diamant russe, pèse 193 carats; il est gros comme un demi-œuf de pigeon et est taillé à facettes; il a coûté à Catherine II 2 250 000 fr.

Le *Schah,* qui pèse 95 carats, et qui appartient aussi à la Russie, a la forme d'un prisme irrégulier et est d'une bonne eau.

L'*Etoile polaire,* autre diamant russe, est taillé en brillant et pèse 40 carats.

Le *Grand-Duc de Toscane,* que possède l'Autriche, pèse 139 carats 1/2, et taillé à 9 pans et couvert de facettes formant une étoile à 9 rayons.

Le diamant dit *du Pacha d'Egypte,* pesant 49 carats, a coûté 760 000 fr.; il est taillé à pans.

La *Loterie d'Angleterre,* qui pèse 82 carats 1/4, fut mis en loterie, en 1801, pour 750 000 fr.

Le *Nassack,* qui pesait d'abord 89 carats 3/4, a été

taillé et ne pèse plus que 78 carats 5/8. Il vaut de 7 à 800 000 fr.

Le diamant bleu de *Hope,* de 44 carats 1/5, a été payé 450 000 fr. Il joint la plus belle nuance du saphir au plus vif éclat adamantin.

Il en existe d'autres dans les collections particulières. On cite le prince Estherazy, colonel du régiment de Hongrois au service de l'Autriche, qui, lorsqu'il revêt son grand uniforme, en porte pour 12 millions.

Mais, dit M. Ratois, il ne faut pas abuser de vos forces ni de vos jambes ; c'est aujourd'hui fête à Montmartre. Je vous y conduirai ; vous verrez lancer un ballon, et le soir tirer le feu d'artifice ; nous pouvons rentrer à la maison, et là je terminerai ma petite leçon de physiologie végétale par quelques notions succinctes sur les arbres qui remplissent nos forêts. »

Les enfants s'installèrent dans le cabinet de M. Ratois; le brave homme qui avait prêché plutôt en faveur de ses propres jambes que pour celles de ses jeunes auditeurs, se laissa tomber dans un large fauteuil de cuir, tandis que les deux enfants s'asseyaient sur des tabourets.

M. Ratois reprit son sujet favori.

« Les arbres que vous avez sous les yeux appartiennent tous à la classe la plus nombreuse des végétaux qu'on appelle la classe des *dicotylédonés,* c'est-à-dire que les arbres qui y sont rangés offrent la particularité suivante :

Lorsque la graine qui doit produire le végétal a germé, elle se divise en deux moitiés à peu près semblables, comme on le remarque dans le haricot ou le pois ; chacune de ces parties demeure adhérente à la jeune pousse et lui fournit sa nourriture jusqu'à ce que toute la substance féculente soit absorbée ; alors elle se déssèche et tombe. Dans les végétaux monocotylédonés, au contraire, la graine est unique et ne se divise pas. Ce caractère vous semble bien insignifiant pour diviser en deux catégories bien distinctes tous les principaux végétaux connus.

Dans la nature, les petites causes produisent généralement de grands effets ; ce caractère en entraîne un autre, puis un autre, et ainsi à l'infini : c'est le point de départ d'une distinction bien tranchée dans tout le règne végétal.

La plante grandit ; elle devient assez dure dans sa tige pour résister à l'hiver ; chaque année elle acquiert de nouvelles proportions ; chaque année une nouvelle couche de bois vient se superposer autour de la première, en même temps qu'une poussée s'ajoute aux autres et fait croître l'arbre en hauteur. On peut reconnaître l'âge d'un arbre, d'un sapin, par exemple, de deux façons. A chaque poussée nouvelle, la tige terminale envoie autour d'elle des rameaux qui prennent tous leur origine autour d'un même point. C'est également à partir de ce point que sort le bourgeon qui doit produire le prolongement de la tige principale ; de sorte que les années peuvent se compter par le nombre des poussées ou des nœuds d'où rayonnent les branches.

Lorsqu'on abat un arbre, il est encore bien facile de reconnaître son âge : la tranche qu'on obtient offre un certain nombre de cercles concentriques qui indiquent le nombre des couches de bois qui se sont superposées les unes aux autres, et, partant, le nombre d'années que l'arbre a comptées.

Il est des arbres dont l'écorce est flexible, et d'autre chez qui cette partie ne possède pas cette propriété. Chez les premiers, l'écorce ne se renouvelle pas, elle s'élargit, de manière à pouvoir envelopper la circonférence de l'arbre, que toute jeune, elle suffisait à garantir. Chez les autres, comme le sapin noir, l'écorce se brise, se fend, chaque année, se dessèche et tombe, tandis qu'une écorce nouvelle repousse sous la première. On remarque chez les vieux sapins que l'écorce extérieure, desséchée, rugueuse, divisée de mille façons, peut se partager en lamelles accolées les unes aux autres, et qui ne sont que les écorces antérieures qui se sont brisées et sont en train de se dessécher.

Au point de vue industriel, on divise les arbres suivant les essences qu'ils renferment, lesquelles essences on utilise d'ailleurs, quelquefois, pour des usages divers. C'est ainsi que la résine se tire du sapin et du pin, la térébenthine d'un arbre particulier, et le caoutchouc d'un autre.

L'arbre qui produit le caoutchouc vient dans presque toutes les forêts de l'Amérique. Voici la manière de l'extraire : On pratique dans l'écorce de l'arbre une petite incision, au-dessous de laquelle on attache une espèce de bouteille grossièrement faite en terre glaise. Petit à petit le caouchouc, qui n'est autre chose qu'une résine, remplit la bouteille. On la détache alors, on la met dans l'eau, afin de la faire refroidir et, partant, de durcir le contenu, puis on brise l'enveloppe en terre glaise et l'on a un morceau de caoutchouc qui a la forme de la bouteille qui a servi à le recueillir.

Le caoutchouc est transparent, limpide ; on lui donne cette teinte brune ou noire que vous lui connaissez avec ce qu'on appelle le noir de fumée.

VI

LES BALLONS. — LE TÉLÉGRAPHE ÉLECTRIQUE. — LES MYSTÈRES DU PETIT ALBERT. — LES BAROMÈTRES. — LES THERMOMÈTRES. — PHÉNOMÈNES DE LA DILATATION.

M. Ratois causait sans s'apercevoir que les enfants ne lui prêtaient pas la moindre attention ; ils songeaient plus à la fête de Montmartre, au ballon et au feu d'artifice, qu'à tout ce que pouvait leur dire d'intéressant le bon vieillard.

M. Verteil entra.

« Mes enfants, leur dit-il, si vous désirez voir le ballon, vous n'avez que le temps de vous habiller, M. Ratois aura la bonté de vous conduire à la fête »

Il n'avait pas achevé que déjà les deux étourneaux s'étaient envolés. Ils reparurent, quelques minutes après, tout frais pomponnés. Edmée avait fait sa toilette avec un empressement et un bon goût qui lui allait à ravir. On partit. Lorsque les enfants arrivèrent sur le lieu de la fête, le ballon commençait à se gonfler. Bientôt on vit ses plis disparaître un à un; il s'arrondit, se balança ; les cordes qui le retenaient se tendirent. Un homme se hissa dans la nacelle et donna le signal , bientôt le ballon s'éleva avec une rapidité prodigieuse. Son départ fut accueilli par une immense acclamation de la foule. On le suivit longtemps des yeux, puis, bientôt, il s'éloigna dans la direction de Vincennes, bientôt il n'apparut plus que comme un point, et disparut tout à fait.

Edmée surtout était ravie de la hardiesse de l'aéronaute.

Lorsque les premières sensations se furent un peu calmées chez les deux cousins, le bonhomme Ratois se mit en devoir de répondre aux mille questions que les deux petits curieux ne cessaient de lui faire en même temps.

« Vous savez, mes enfants, dit-il, ou vous ne savez pas, que l'air qui nous entoure est pesant. Un litre d'air pèse environ un gramme et demi. Or, les fluides jouissent d'une propriété que je vais vous expliquer. Lorsque deux fluides ou deux liquides sont ensemble, le plus léger s'élève toujours au-dessus du plus lourd. Ainsi, par exemple, dans une chambre chauffée, l'air chaud, qui est plus léger que l'air froid, se porte à la partie supérieure de la chambre. Ceci se remarque surtout dans un théâtre, par exemple ; les galeries les plus voisines du plafond sont toujours beaucoup plus chaudes que celles de la partie inférieure.

La même loi existe pour les liquides. Vous avez tous vu déjà ce liquide, brillant comme de l'argent, qui remplit les tubes barométriques ? C'est du mercure. C'est un liquide très-lourd ; si on le mélange, dans un verre, avec de l'eau et de l'huile, le mercure va au fond du vase, l'eau repose ensuite sur lui, et enfin l'huile, qui est le plus léger des trois liquides, surnage sur le tout.

« Je reviens au ballon.

« On remplit le ballon avec un gaz plus léger que l'air ; que se produit-il ? Ce gaz tend à s'élever ; il entraîne l'enveloppe, et le ballon part. Supposons que la quantité d'air suffisante pour remplir le ballon ait un poids de 100 kilogrammes, que le poids du gaz qu'on met dans le ballon ne soit que de 50 kilogrammes, le ballon pourra enlever un poids égal à la différence, c'est-à-dire 50 kilogrammes.

« Mais le ballon ne peut pas ainsi s'élever jusqu'à la lune; en voici la raison. A mesure qu'on s'élève, l'air devient plus léger ; par conséquent, la différence entre le poids de l'air extérieur et celui du gaz renfermé dans le ballon diminue aussi ; il arrive un moment où ces deux poids se contre-balancent assez pour que le ballon reste stationnaire.

« Quelquefois on se contente de gonfler un ballon avec de l'air chaud, c'est-à-dire qu'on fait brûler de la paille au-dessous de son ouverture ; mais alors il serait imprudent d'y attacher une nacelle, parce que cet air chaud se refroidit petit à petit, et que bientôt le ballon tomberait sans qu'on puisse en régler la descente. Autrefois, on a essayé de gonfler les ballons avec le plus léger des gaz, l'hydrogène ; mais la rapidité avec laquelle se fait l'ascension offre des dangers. Aujourd'hui, on se contente d'employer le gaz d'éclairage, qui se compose de plusieurs autres gaz, parmi lesquels figurent un peu d'hydrogène pur et de l'hydrogène combiné avec diverses proportions de carbone.

« Petit à petit, on a perfectionné les ballons. On les faisait en papier, puis en étoffe légère gommée ; aujourd'hui on emploie généralement un tissu de soie imperméable.

« On a ajouté aux ballons un appareil destiné à protéger la descente ; c'est le parachute. Cet appareil a la forme d'un parapluie ; il est replié, pendant l'ascension, sur le flanc du ballon. Mais on ne se sert du parachute que lorsque le ballon est dégonflé. On peut, de la nacelle, diminuer la vitesse d'ascension, en donnant ce que l'on appelle du lest. Cela consiste à ouvrir, au moyen d'une corde ou d'une chaînette, une soupape placée à la partie supérieure du ballon et par laquelle s'échappe une quantité de gaz intérieur qu'on détermine à volonté. De cette façon, on modère la vitesse. Lorsqu'on veut reprendre terre au moyen du parachute, on laisse, petit à petit, s'échapper tout le gaz, le ballon se vide, le parachute se déploie et la descente s'opère.

« Malgré toutes ces précautions, les ascensions sont toujours dangereuses, pour peu qu'il y ait du vent ; car on n'est pas arrivé à pouvoir donner au ballon une direction à volonté ; le vent peut le pousser dans tous les sens ; il donne à la nacelle des mouvements saccadés et brusques qui peuvent la faire chavirer ; à mesure qu'on se rapproche de terre, le danger augmente, parce qu'alors la violence du vent peut jeter la nacelle contre quelque corps dur. »

Tout en causant ainsi, nos trois amis étaient arrivés à cet endroit des buttes Montmartre où s'élevait la tour autrefois destinée à transmettre les signaux télégraphiques.

Edmée demanda à quoi servaient ces grandes perches et ces grands bras.

« Ce sont, dit M. Ratois, les restes des instruments à l'aide desquels on transmettait les nouvelles de distance en distance. Aujourd'hui l'électricité a remplacé ces appareils.

« Les Gaulois se transmettaient les nouvelles à la force des poumons pendant les guerres de César. Nos ancêtres allumaient de distance en distance des feux au milieu de la nuit sur les hauteurs. Près de chaque feu se trouvait un crieur qui transmettait, en se faisant un porte-voix de ses mains, les ordres des généraux. La nouvelle allait ainsi de feu en feu, de proche en proche, jusqu'à des distances très-considérables. Mais que de fois la pluie et le vent rendaient ces faibles moyens inutiles !

« De nos jours, il n'y a pas encore vingt ans, on se servait, pour la transmission des nouvelles, de cet immense appareil que vous avez là sous les yeux. Au moyen de ces tiges ou de ces bras disposés de telle et telle façon, on reproduisait des signes conventionnels. Des hauteurs de Montmartre, par exemple, on correspondait avec le mont

Valérien. Les signaux étaient lus d'un poste à l'autre au moyen d'une lunette d'approche. Aujourd'hui, une merveilleuse découverte a anéanti tous ces systèmes. L'électricité transmet instantanément tous les signaux qu'on veut lui faire rendre à des distances sans limites.

« Ne croyez pas cependant que les phénomènes électriques qui se rattachent à la télégraphie ressemblent à ceux de la foudre.

« Je vais essayer de vous faire entrevoir ce mystère, qui est inconnu pour tant de gens, et qui cependant repose, comme dans toutes les grandes découvertes, sur un principe très-simple. Vous avez déjà remarqué ces fils de fer tendus le long des voies de fer, et vous savez que ce sont les fils transmetteurs de la pensée par la télégraphie. Supposons qu'à Paris, par exemple, vous produisiez, par des moyens chimiques que je ne vous expliquerai pas, un courant d'électricité, c'est-à-dire que vous électrisiez le bout du fil placé devant vous, que se produira-t-il? Instantanément l'électricité courra tout le long du fil, quelque long qu'il soit, et s'il s'arrête à Marseille, par exemple, l'extrémité du fil qui sera dans cette ville sera électrisée en même temps que l'extrémité qui est devant vous à Paris. Voilà donc une puissance que vous transmettez aussi vite que la pensée à un endroit donné ; comment appliquer cette force, cette puissance ? C'est ici qu'est vraiment le miracle, en apparence, ou, pour mieux dire, le second principe, aussi simple que le premier. Prêtez-moi toute votre attention. Vous avez une bobine autour de laquelle vous enroulez un fil de cuivre très-fin, couvert de soie. Dans l'intérieur de cette bobine, vous placez une petite barre de fer ; vous attachez l'extrémité de votre petit fil de cuivre à l'extrémité du fil télégraphique de Marseille. Au moment où vous électriserez à Paris, il se produira un phénomène singulier, curieux, et qui est en réalité tout le secret de la télégraphie. A ce moment, dis-je, l'extrémité Marseille s'électrise également ainsi que le fil enroulé autour de la bobine, et la barre de fer qui est à l'intérieur devient subitement aimantée. Vous cessez d'électriser à Paris, le phénomène cesse à Marseille, la barre n'est plus aimantée. Vous pouvez renouveler l'expérience aussi fréquemment que vous le voudrez, elle se produira avec une régularité parfaite. Si maintenant vous placez en regard de la barre de fer un petit levier également en fer au moment où celle-ci est aimantée, l'extrémité du levier est attirée vers la barre et y reste adhérente jusqu'à l'instant où, cessant d'électriser, l'aimantation cesse à Marseille. Vous avez donc à Marseille un levier que, par un simple mouvement fait à Paris, vous pouvez attirer et abandonner alternativement.

« A l'autre extrémité du levier, placez une pointe susceptible de marquer sur du papier ; lorsqu'un bout du levier est attiré, ou plutôt abaissé, l'autre se lève et marque un point sur le papier. Si le papier est lui-même animé d'un mouvement régulier, il arrivera ceci : la pointe marquera sur un point lorsque l'aimant attirera l'autre bout un seul instant ; elle marquera un trait si l'aimantation se prolonge. C'est ainsi que, par une succession de points et de traits, on arrive à former des signes de convention, un véritable alphabet qui exprime toutes les pensées. Voilà le télégraphe dans sa plus grande simplicité, et débarrassé de tous les détails et de toutes les complications qui rendraient l'étude de son principe très-difficile. »

Le bonhomme Ratois en était là de son explication, lorsque, la nuit étant venue, on vit tout à coup une magnifique fusée volante développer sa gerbe dans les cieux : le feu d'artifice commençait. Les enfants étaient admirablement placés pour tout apercevoir, ils n'en perdirent pas une étincelle, et à chaque pièce, c'était, de la part de nos amis, des *Oh !* des *Ah !* qui faisaient sourire le bonhomme Ratois, qui, aussi enfant qu'eux, laissait parfois échapper quelque naïve exclamation.

On rentra à la maison et l'on dormit sur les deux oreilles. Toute la nuit, Abel voyait des fusées volantes et des soleils multicolores ; Edmée se croyait dans un palais de fées. Tous les deux étaient heureux, heureux de leur innocence, heureux de vivre pour voir de si jolies choses. Le lendemain, bien entendu, on causa de toutes les merveilles de la fête ; on n'oublia pas cependant de jeter un coup d'œil dans la raffinerie et de stimuler les ouvriers pour activer la purification du sirop. Au déjeuner, Abel raconta ses impressions. Edmée déclara naïvement que ce qui l'avait beaucoup étonnée, ce n'était pas tant le ballon que M. Ratois lui avait si complaisamment expliqué, mais bien le diseur de bonne aventure.

« Ainsi je ne comprends pas, s'écriait la charmante petite fille, comment ces petits bonshommes en verre, renfermés dans sa carafe, peuvent monter tout seuls, et à sa voix, jusqu'au goulot, pour écrire la bonne aventure sur les lettres que renferme la boîte mystérieuse. »

Cette observation parut judicieuse à M. Verteil, car Edmée devinait que ces lettres étaient écrites d'avance dans la boîte, et la seule chose qui l'étonnait était en effet cette ascension des bonshommes.

« Mon enfant, dit-il, si tu te rappelles bien l'explication que t'a donnée M. Ratois sur les ballons, il te sera facile de me comprendre. Ces petits bonshommes sont de véritables ballons, non pas en papier ni en soie, mais en verre; ils sont creux et renferment de l'air. Cet air est nécessairement plus léger que l'eau, et devrait les entraîner vers la partie supérieure de la carafe; mais le poids du verre dont ils sont fabriqués les maintient au fond. Pour les faire monter, que faudrait-il faire? Simplement rendre l'eau plus lourde, de façon que l'équilibre se renverse et que ce soit le bonhomme qui soit plus léger que le liquide. C'est précisément en cela que consiste l'action du charlatan. Pour rendre l'eau plus lourde, il exerce sur le liquide une pression par en haut, et les bonshommes montent lentement. Cette pression s'exerce, sans que le public s'en doute, de la manière suivante. Le charlatan ouvre la boîte où il veut mettre ses sornettes écrites sur de petits papiers; il pose un corps lourd sur la feuille de parchemin qui sert à boucher la carafe, et la pression s'exerce sur le liquide. S'il veut que les pantins descendent, il enlève le corps lourd : la pression diminue et les pantins reviennent au fond. Voilà en quoi consiste le secret. »

Les enfants n'aiment pas plus que les grandes personnes à être jouées, aussi Edmée fut-elle satisfaite de penser que c'était bien là qu'était le mot de l'énigme.

« Mais, à propos de l'influence de la pression sur les corps fluides, dit M. Verteil, je vais saisir l'occasion de t'expliquer ce que c'est qu'un baromètre. Le baromètre se compose essentiellement d'un tube recourbé à la partie inférieure; cette partie recourbée est d'un diamètre plus large que le reste du tube et n'est pas fermée; il renferme du mercure : voilà pour l'appareil. Voyons la théorie. L'air est pesant, et cette pesanteur est d'autant plus considérable, que la pression qu'on exerce sur lui est plus forte. Si on considère une couche d'air à une hauteur quelconque, elle supporte le poids de toutes les couches d'air supérieures, de sorte que plus on se rapproche du sol, plus les couches sont pesantes. Le baromètre est tout simplement destiné à mesurer cette pesanteur. Plus le mercure monte dans la tige, plus l'air est pesant, parce qu'alors il appuie plus fort sur la surface du mercure qui est exposé à l'air par la partie ouverte du tube. C'est une erreur de croire que le baromètre indique la pluie et le beau temps : il peut, jusqu'à un certain point, indiquer, suivant la pesanteur de l'air, si l'atmosphère est plus ou moins lourde; mais ses oracles sont très-incertains. On emploie le baromètre pour mesurer la hauteur d'une montagne ou d'un édifice. Pour cela, on se transporte sur la montagne qu'on veut mesurer; le baromètre, à cette hauteur, est soumis à la pression d'une couche d'air moins considérable que dans la plaine. Au moyen de calculs, on détermine de cette façon la hauteur exacte de la montagne. Il y a plusieurs sortes de baromètres.

Tu as vu quelquefois des baromètres à cadran: on n'aperçoit que le cadran, et l'aiguille qui en fait le tour, s'arrêtant aux indications écrites *pluie*, *vent*, etc. Ces baromètres ne diffèrent pas de celui que je t'ai expliqué, quant au principe. Voici comment se meut l'aiguille. Sur la surface du mercure, dans la tige recourbée et ouverte, repose un poids; le mercure étant très-lourd, le poids surnage; mais, suivant que l'air est plus ou moins pesant, le niveau du mercure s'élève ou s'abaisse. Or, le poids est suspendu par un fil à une poulie; l'aiguille est fixée à cette poulie et en suit les mouvements. Quand le niveau baisse, le poids entraîne le fil, fait tourner la poulie, et l'aiguille marche.

« Quoique les thermomètres ressemblent assez aux baromètres, quant à la forme, ces deux appareils sont cependant bien différents sous le rapport du principe et des applications. Le thermomètre sert à apprécier les degrés de chaleur ; il est fondé sur ce principe, que tous les corps se dilatent par la chaleur et se contractent par le froid. Cette loi de la dilatation est générale dans la nature, et ses effets sont quelquefois très-curieux. Les phénomènes de la dilatation sont surtout sensibles dans les corps qui ne se dilatent pas d'une manière régulière. Les métaux ont la dilatation très-régulière en général. Il n'en est pas de même du verre, de la porcelaine, faïence et autres substances qu'on emploie à divers usages. Il arrive souvent, que lorsqu'on verse brusquement de l'eau chaude dans un verre, ce verre éclate subitement. Ce fait s'explique très-facilement. Le verre est un mauvais conducteur de la chaleur, c'est-à-dire que, si on soumet une de ses parties à l'action de la chaleur, les autres restent froides. Lorsque vous versez de l'eau très-chaude dans un verre, la surface intérieure se dilate brusquement, tandis que la surface extérieure reste à la température ordinaire; le verre n'est pas flexible, il y a brisement. La porcelaine conduit mieux la chaleur que le verre; aussi peut-on soumettre un vase de porcelaine à une chaleur très-considérable sans qu'il y ait éclat. Il faut cependant que cette porcelaine soit brute; car, si l'on emploie la porcelaine vernie ou polie, on court le danger de faire éclater le vase. Le vernis a une dilatation différente de celle de la porcelaine elle-même; cela suffit pour occasionner le brisement.

« Dans toutes les machines, on est obligé de tenir compte de la dilatation. Ainsi, tu as peut-être remarqué, sans t'en expliquer la cause, que les rails d'un chemin de fer sont composés de barres ajoutées les unes au bout des autres, mais qu'entre deux barres quelconques il y a toujours un intervalle d'un demi-centimètre environ. C'est une précaution très-nécessaire; car, lorsque le soleil a donné longtemps sur la voie, les rails s'échauffent, s'allongent et, si elles étaient ajoutées exactement bout à bout, la dilatation étant gênée, elles dévieraient de leur direction rectiligne et produiraient des déraillements continuels. La chaleur du soleil n'est pas la seule, du reste, qui élève la température des rails; il faut tenir compte du frottement des roues et de l'échauffement produit par le feu de la locomotive.

« Le frottement est une source de chaleur bien plus considérable que tu ne pourrais le croire. Tu te rappelles sans doute nos nègres, qui obtenaient du feu par le simple frottement de deux morceaux de bois l'un contre l'autre. Il arrive quelquefois que le moyeu en bois des roues de voiture s'enflamme lorsque, par suite d'une vitesse inusitée, il frotte rapidement contre le fer de l'essieu. »

VII

HISTOIRE NATURELLE. — PHÉNOMÈNE DE LA DIGESTION. — LE SYSTÈME DENTAIRE. — LA RUMINATION. — LE SYSTÈME NERVEUX. — LE PHOSPHORE. — LES CINQ SENS.

Après le déjeuner, M. Ratois emmena les enfants faire une petite promenade dans les environs de Paris.

« Quand nous mènerez-vous au Jardin des Plantes? demanda Edmée.

— Quand vous voudrez, mes enfants, répondit le bon M. Ratois.

— Oh! quel bonheur! exclama la petite Edmée; le plus tôt possible, alors.

— Soit, dit le rusé M. Ratois; mais, auparavant, il

est bon que vous ayez quelques notions d'histoire naturelle, sans cela, vous n'éprouveriez aucun intérêt à la vue des différents animaux.

— A quand la leçon ? demanda Abel.

— Tout de suite, chers enfants, si vous le désirez; » répondit M. Ratois.

Edmée fit un peu la moue et s'approcha du brave homme.

« Commencez, dit-elle.

— Je savais bien, dit celui-ci avec malice, que vous étiez de charmants enfants qui brûliez de tout apprendre. »

Et, profitant des bonnes dispositions de ses jeunes élèves, il commença aussitôt :

« La classe des animaux qui doit nous occuper plus particulièrement est celle des mammifères, ainsi appelés parce qu'ils mettent au monde leurs petits vivants et qu'ils portent des mamelles destinées à les nourrir. Tels sont le lion, le tigre, le cheval, le mouton, etc., et en général tous les animaux quadrupèdes, l'homme et le singe exceptés, qui sont, l'un bimane, l'autre quadrumane.

« Beaucoup de naturalistes et de philosophes ont cherché à établir une échelle progressive des animaux, commençant au plus petit, au plus simple des insectes ou même des infusoires, et se terminant par le singe et enfin par l'homme. La base de cette classification est la plus ou moins grande perfection des organes et des fonctions animales. Cette curieuse hypothèse offrait ce côté bizarre, que l'homme, en définitive, n'est qu'un singe perfectionné.

« Suit-il de là que l'intelligence existe chez les animaux et qu'elle suit la progression irrégulière qu'on a cherché à établir ? Beaucoup de naturalistes l'ont pensé ; d'autres, au contraire, n'ont reconnu aux animaux qu'une seule faculté, l'instinct : dénomination très-vague, qui désigne les diverses opérations au moyen desquelles l'animal pourvoit à sa conservation et à celle de l'espèce. Il est bien difficile de se prononcer entre ces deux opinions ; car, si d'un côté les théologiens refusent l'intelligence aux animaux, d'un autre côté, il est difficile d'attribuer à l'instinct des faits curieux, qui ont nécessité, de la part de l'animal, une opération de jugement qui est bien du domaine de l'intelligence,

« Cette faculté instinctive n'est du reste pas développée chez les animaux en raison de leur grosseur naturelle. Parmi les insectes, par exemple, certaines espèces offrent les plus curieux phénomènes de l'instinct, tandis que chez certains quadrupèdes, le porc, par exemple, l'instinct ne se manifeste que par les plus aveugles et les plus simples mouvements.

« Voici du reste deux petites anecdotes que j'emprunte à l'abbé Moigno et qui viennent à l'appui de ma pensée, à savoir, que les animaux ne sont pas dénués d'une certaine intelligence.

« Le premier cas est celui d'un chien qui s'est laissé mourir de faim sur la tombe récemment fermée de son maître. Il avait suivi l'enterrement, et ce n'est que par la violence qu'on était parvenu à l'arracher du bord de la fosse. Dès qu'il avait été libre, il y était retourné. De pareils exemples d'attachement, de la part des chiens, sont assez fréquents.

« Le deuxième cas se rapporte à une hirondelle retenue

par la patte, au moyen d'un fil, à la saillie du toit d'une maison d'éducation d'Orléans. Aux cris de la pauvrette, toutes les hirondelles des environs arrivèrent et se mirent à becqueter la cordelette, cherchant à résoudre la question gordienne à la façon d'Alexandre. Malheureusement la ficelle était forte et leurs becs étaient faibles. Voyant l'impuissance de leurs efforts, les petites sauveteuses se mirent à tirer leur pauvre compagne, qui par l'aile, qui par la patte, qui par la queue. Hélas ! rien n'y fit. Les plumes venaient, mais la prisonnière ne venait pas. A bout de ressources, mais non de dévoûment, les *intelligents oisillons* se mirent en devoir de nourrir leur sœur en attendant qu'une main secourable vînt la délivrer. Or, cette délivrance n'eut lieu que le samedi, et c'est le mardi que l'hirondelle s'était trouvée prise. Mais elle n'a manqué, pendant ces quatre jours, ni de moucherons, ni de consolantes caresses, ni de murmures encourageants. Tout lui est venu à point jusqu'au moment où un couvreur que l'on avait envoyé chercher, à la grande joie des jeunes élèves, a rendu la pauvre bestiole à ses compagnes et à la liberté.

« Parmi les mammifères il faut distinguer d'abord l'ordre des carnassiers, qui comprend tous les animaux dits féroces, tels que lion, tigre, panthère, chat, etc. Ils sont ainsi appelés, parce que leur nourriture se compose exclusivement de chair animale.

« Le lion est le plus remarquable de tous les carnassiers, et peut-être le plus intelligent. Je n'ai pas besoin de vous le décrire ; cependant on se fait difficilement une idée du lion du désert quand on ne voit que ceux du Jardin des Plantes ou ceux du dompteur Crockett. Il faut lire pour cela le récit des chasses au lion de Jules Gérard. Les lions seuls du désert de l'Afrique centrale ne sont pas des animaux de carton. Ce sont les terribles fléaux qui désolent les douars arabes et déciment les troupeaux. Je ne parlerai pas non plus des tigres, des panthères, des léopards, si remarquables pour leur agilité ; je réserve mes faveurs pour le plus commun des carnassiers, celui que nous traitons familièrement dans nos maisons : le chat.

« Le chat domestique est d'une véritable utilité, en ce qu'il fait la guerre aux rongeurs. C'est là sa véritable vocation. Sa nature carnassière le guide dans la chasse continuelle qu'il fait aux rats et aux souris ; mais je ne comprends pas le chat comme animal d'agrément. Il n'est pas possible qu'un chat s'attache à son maître comme le chien et puisse lui rendre quelque service. Son instinct est bas, méchant, sa griffe toujours prête à se montrer ; il n'est susceptible d'aucune reconnaissance ; il peut plaire par la grâce de ses mouvements, surtout quand il est jeune ; mais son œil fixe, ardent, n'a rien de la douceur, de l'intelligence qu'on trouve chez le chien. Je ne le crois pas susceptible d'éducation ; il vivra plusieurs années avec son maître quand celui-ci le nourrit bien ; un jour viendra où il le griffera comme un étranger. C'est un préjugé de croire que la chair du chat ne soit pas bonne à manger. Elle est au contraire très-délicate, pourvu toutefois qu'on ne l'ait pas affadie en nourrissant la bête pendant longtemps avec des sucreries. La chatte tue parfois ses petits et les mange ; jamais une chienne n'a commis un tel acte de barbarie.

« Le mode de nutrition des animaux est, de toutes les fonctions, celle qui influe le plus profondément sur la forme extérieure, et sur la disposition intérieure des organes.

« Plus le régime nutritif est herbivore, plus le système des intestins est long et compliqué. Les matières animales sont celles sur lesquelles les sucs digestifs ont l'action la plus prompte et la plus directe. Avant d'entrer dans le récit de ces phénomènes, quelques détails sur les principales espèces d'animaux qui diffèrent le plus les uns des autres par leur mode digestif. Le chat, par exemple, a les intestins très-courts. C'est tout au plus s'ils atteignent trois fois la longueur totale de l'animal ; le bœuf, dont le régime est presque exclusivement herbivore, possède des intestins beaucoup plus longs ; ceux du mouton, enfin, atteignent jusqu'à quatorze fois la longueur totale de la bête.

« Voyons maintenant le phénomène de la digestion en général. Prenons une substance quelconque, et suivons-la dans toutes les transformations qu'elle subit. Introduite par la bouche, elle est soumise à la mastication au moyen des dents. Qu'est-ce que les dents ? Les dents, en général, sont formées de plusieurs parties distinctes : la racine et le collet d'abord. La partie extérieure de la dent est couverte d'un émail très-dur et transparent ; en dessous est la matière blanche, qui n'est autre chose que l'ivoire ; à l'intérieur se trouve une petite cavité où viennent s'épanouir le nerf dentaire et les vaisseaux qui servent au développement de la dent. Nerf et vaisseaux arrivent à cette cavité par la racine, qu'ils traversent en pénétrant par l'extrémité qui est, à cet effet, percée d'un petit trou parfaitement visible. Les dents, suivant leur forme extérieure, portent des noms différents. Les molaires sont les plus larges et ont une surface accidentée de mamelons destinés à faciliter le broiement des substances alimentaires. Viennent ensuite les canines, ainsi appelées parce qu'elles sont plus nombreuses chez le chien que chez les autres espèces ; elles sont longues, pointues, quelquefois très-aiguës, comme chez les rongeurs, et enfin, les incisives, dont un côté est taillé en biseau, comme la lame d'un ciseau de menuisier, et qui servent à couper les aliments. Il résulte de cette division que la seule inspection des dents peut donner une idée très-exacte du mode de nutrition d'un animal quelconque. Si, par exemple, on trouve dans une mâchoire des canines en plus grand nombre, on peut être sûr que l'animal à qui elles appartiennent est carnassier, ou au moins carnivore, car ces dents sont destinées à déchirer et à séparer des lambeaux de nourriture, ce qui a lieu surtout quand l'animal mange de la chair. Que vous trouviez, au contraire, une mâchoire garnie presque exclusivement d'incisives et de molaires, on peut être certain qu'elle appartient à un herbivore. Les incisives lui servent à couper les herbes et les végétaux de toutes sortes dont il se nourrit, et les molaires à les broyer. C'est en vertu de ce principe que le grand Cuvier est parvenu à reconstruire les squelettes d'animaux perdus, fossiles antédiluviens, par une suite rigoureuse de déductions.

« Il y a plus, c'est que le système dentaire est la base de toute la construction et de toutes les habitudes de l'animal. Ainsi, tel animal qui ne se nourrit que d'oiseaux doit avoir les pattes garnies de griffes pour grimper aux arbres ; il doit être en outre très-souple, pour pouvoir se glisser entre les branches ; s'il prend sa proie au bond, il doit avoir les membres inférieurs plus longs, plus robustes que les supérieurs, afin de pouvoir prendre son élan et atteindre d'un saut à une distance voulue. Si c'est un rongeur, comme l'écureuil, il doit avoir les pattes de devant très-agiles, afin de tenir et retourner entre ses doigts le fruit qu'il croque. Généralement, les herbivores n'ont pas les pieds conformés pour autre chose que pour la marche ou la course, car, pour prendre leur nourriture, il leur suffit de pouvoir baisser le cou jusqu'au niveau du sol ; leurs incisives coupent les végétaux, sans que le secours de griffes soit nécessaire. Leur cou est toujours assez long pour atteindre au niveau du sol. Le cheval, par exemple, qui a les jambes de devant plus longues que le bœuf, a aussi, par compensation, le cou plus développé en longueur.

« Les oiseaux de l'ordre des gallinacés se nourrissent de graines.

« D'abord leur cou est d'une grande flexibilité, pour que le mouvement continuel qu'ils opèrent en picorant se fasse sans fatigue et avec rapidité. La graine doit d'abord être débarrassée de son enveloppe ; à cet effet, le bec de l'oiseau offre deux lames coupantes et dures qui séparent rapidement la graine de la cosse. Chez eux les dents manquent ; l'intérieur de la graine est rarement dur, et, lorsque cela arrive, l'intérieur de la bouche de l'oiseau est disposé pour y pourvoir. En effet, la membrane intérieure est tapissée d'aspérités assez dures qui, combinées avec le jeu de la langue, opèrent la première mastication. Ce premier travail, assez insuffisant chez les oiseaux, est suppléé par les autres phénomènes digestifs, qui sont chez eux d'une activité très-considérable ; cette activité est en harmonie du reste avec celle de la respiration, qui, comme nous avons eu occasion de le dire ailleurs, est la plus énergique de tout le règne animal.

« Les aliments soumis à la mastication sont imbibés par un liquide particulier appelé salive, qui se déverse naturellement sur les substances, pour en faciliter le glissement dans l'œsophage.

« La salive agit encore comme dissolvant sur certaines matières contenues dans les aliments.

« La masse alimentaire, après avoir été suffisamment divisée et mâchée, passe dans le conduit qu'on nomme œsophage. Pour pénétrer dans ce conduit, elle subit le phénomène de la déglutition : le mécanisme en est très-compliqué L'œsophage débouche directement dans l'estomac.

« Pris en général, cet organe a la forme d'une cornemuse ; il est tapissé à l'interieur d'une membrane couverte d'aspérités, et qu'on désigne, en matière culinaire, sous le nom de gras-double. On croit que les parois de l'estomac, rétréci quand il est vidé, en se frottant, produisent cette sensation qu'on appelle la faim.

« La masse alimentaire, en pénétrant dans l'estomac,

tombe sous l'action du suc gastrique, qui s'échappe de toutes parts de la membrane interne. Ce suc est acide ; il jouit de la propriété de dissoudre la fibrine et autres bases qui entrent dans la constitution des aliments. Le pancréas, ou suc pancréatique, qui est renfermé dans une poche voisine de l'estomac, vient également apporter son concours au travail de la digestion ; il agit principalement sur les matières grasses.

« On a cru longtemps que la digestion était tout simplement une cuisson. Aujourd'hui il est constaté que c'est une dissolution. On a fait à ce sujet de curieuses expériences. On a fait avaler à un chien qu'on avait fait jeûner, une éponge attachée à une ficelle. Au bout de quelques instants on retira la ficelle, l'éponge revint chargée d'un liquide âcre, d'une odeur forte, qu'on reconnut pour un acide très-énergique. On jeta un morceau de viande dans ce liquide : au bout de quelques heures la viande avait disparu ; elle s'était dissoute entièrement dans le liquide. Le suc gastrique agit donc sur les aliments comme principe dissolvant.

« Les matières végétales se dissolvent moins facilement dans le suc gastrique que les matières animales, aussi sont-elles soumises à un travail plus lent, qui varie, du reste, suivant les espèces d'animaux. Chez le bœuf, par exemple, dont le régime alimentaire est exclusivement végétal, il y a trois estomacs successifs, ou plutôt, avant d'arriver à l'estomac, la masse alimentaire passe par trois poches qu'on appelle *bonnet, feuillet, caillette,* pour aboutir ensuite à la plus volumineuse de toutes, la *panse*, qui n'est autre chose que le véritable estomac. Une particularité remarquable dans les animaux de la race bovine, c'est la rumination. Ils rappellent dans la bouche les végétaux qui sont déjà passés dans la première poche et les soumettent à une trituration lente et régulière, qui dure plusieurs heures : l'animal rumine. Pour effectuer cette opération, les ruminants ont la mâchoire inférieure susceptible de se mouvoir de droite à gauche, faculté que ne possèdent pas les autres animaux. La masse alimentaire, au sortir de l'estomac, se rend dans les intestins. On divise les intestins en deux parties : l'intestin grêle et le gros intestin. A leur entrée dans l'intestin grêle, les aliments se trouvent sous la forme d'un liquide blanchâtre, épais, qu'on appelle chyme. A mesure qu'il parcourt l'intestin grêle, le chyme se liquéfie, s'épure et produit enfin le chyle, substance vitale, régénératrice, qui n'est autre chose que le sang, encore dépourvu de sa couleur rouge. Le chyle se répand par les vaisseaux chylifères, qui viennent aboutir dans l'intestin. C'est ce séjour du sang dans les vaisseaux qui lui donne sa coloration. Le sang, tout parfait, arrive enfin au cœur, organe d'une autre fonction, la circulation. Dans son trajet dans l'intestin grêle, le chyme, pour devenir chyle, s'est débarrassé d'une partie impure qui vient s'amasser dans le gros intestin, pour être rejetée au dehors et qu'on appelle substance fécale. Tel est en général le phénomène de la digestion. Il est facile de voir le lien qui réunit cette fonction à celle de la respiration et de la circulation. Le sang circule dans les artères, il est porté ainsi dans toutes les parties du corps, il est ramené par les veines aux poumons, qui le purifient, le rendent au cœur pour retourner dans la circulation. Mais on conçoit que la même quantité de sang ne peut constamment servir à l'entretien de la vie : la dépense de force que nous faisons appauvrit la masse sanguine, et, à chaque circuit, le sang a nécessairement diminué. Pour y pourvoir, la digestion produit une nouvelle quantité du liquide vivifiant, que les vaisseaux chylifères déversent et ajoutent à la circulation. La digestion est un acte tout à fait indépendant de notre volonté ; elle s'opère par l'action d'un système nerveux particulier qu'on appelle système ganglionnaire. Il faut en effet distinguer deux systèmes nerveux chez les animaux supérieurs : le premier, qui a son origine et son siége dans le cerveau, et l'autre qui a plusieurs centres disséminés çà et là pour présider à certains phénomènes.

« Le système nerveux dont le siége est le cerveau se compose de la masse appelée cervelle, et de la moelle épinière. Le cerveau est divisé en plusieurs lobes symétriques enfermés dans la boîte osseuse du crâne ; à la partie postérieure du cerveau se trouve le cervelet, au point où commence la moelle épinière. La moelle épinière elle-même se compose de deux systèmes de nerfs différents : les nerfs moteurs et les nerfs sensitifs. Les premiers servent d'intermédiaire entre la volonté et la partie qu'il s'agit de mouvoir ; les autres servent à transmettre au cerveau les perceptions, les sensations qui viennent du dehors. Le cervelet paraît être le siége des facultés purement instinctives, telles que, pour nous, celles qui nous font agir, sans réflexion, en vue de notre conservation. C'est l'instinct qui nous fait porter la main en avant quand nous tombons, afin de garantir la tête. C'est encore l'instinct qui nous fait avancer les bras quand nous marchons dans l'obscurité, et mille autres phénomènes semblables que nous accomplissons à toute heure du jour, sans nous en douter, sans que nous y ayons songé ou réfléchi un seul instant. C'est la même faculté qui nous fait cligner les yeux lorsqu'un objet quelconque menace de frapper notre visage.

« La moelle épinière se compose de deux cordons, l'un moteur, l'autre sensitif, qui, chacun de leur côté, envoient des embranchements, des prolongements dans tous les membres. Le système nerveux préside tour à tour aux mouvements volontaires, et règle certaines fonctions que nous avons la liberté de suspendre ou de continuer, telles que la respiration.

« Le système ganglionnaire agit sur les fonctions dont l'empire est soustrait à notre volonté directe. Nous ne pouvons pas, à un moment donné, faire cesser le battement du cœur, non plus qu'accélérer la digestion par notre simple volonté ; ces fonctions, et tous les organes qui y concourent, sont mus par le système des ganglions.

« Lorsque notre volonté a résolu un mouvement, lever la main, par exemple, le nerf moteur transmet un ordre aux tendons et aux muscles qui font mouvoir la main, et la main se lève.

« Les nerfs sensitifs agissent différemment. Prenons pour exemple ceux qui président au sens du toucher. Les papilles nerveuses répandues sous l'épiderme du doigt éprouvent la sensation du contact ; cette sensation se transmet de proche en proche jusqu'à l'origine du nerf, jusqu'au cerveau. Il se fait ensuite une opération en sens contraire. Le cerveau impressionné de la sorte renvoie la sensation par où elle lui est venue, c'est-à-dire par la branche nerveuse, et sa sensation est ressentie seulement à ce moment de retour à l'endroit où a lieu le contact. On est loin de se douter, au premier abord, que toute sensation nécessite un mouvement aussi compliqué. Au reste, rien n'est mystérieux comme ce phénomène de retour. Le cerveau jouit donc de la faculté de nous faire apprécier à quel endroit exact d'une branche nerveuse celle-ci a été impressionnée. Un phénomène, bien plus bizarre encore, est celui-ci : lorsqu'un membre est coupé, il arrive très-souvent que le cerveau renvoie une sensation à une partie du nerf coupé qui n'existe plus. C'est ainsi que l'on voit des amputés se gratter la jambe de bois ou se plaindre d'un cor. Ce phénomène a été pris longtemps pour une mauvaise plaisanterie ; aujourd'hui, il est constaté que cette sensation se produit surtout quand la douleur éprouvée est une douleur périodique.

« On suppose que le degré d'intelligence d'un être animal est proportionné au développement de la masse du cerveau. Cette masse est plus volumineuse chez l'homme que chez tous les animaux, même les plus gigantesques, chez l'éléphant lui-même. Le porc est celui des quadrupèdes chez qui le cerveau est le moins développé.

« Parmi la race humaine, c'est un fait phrénologique à peu près admis, que plus l'angle facial se rapproche de l'angle droit, plus l'individu est intelligent. L'angle facial est l'angle formé par la ligne du nez et du front et celle de la mâchoire supérieure. Chez la race nègre, en général, cet angle est plus aigu que chez la nôtre. Les individus qui sont affectés d'idiotisme ont souvent cet angle très-aigu. Il ne faudrait pas cependant, dans ce dernier cas, établir en principe que le crétinisme tienne au plus ou moins de développement de l'angle facial; il est beaucoup de causes qui amènent ce malheureux état; dans certains pays de montagnes, on rencontre des villages où le tiers de la population rentre dans la catégorie des crétins : cette particularité physique est généralement accompagnée de goîtres. On attribue cette fatale maladie à l'absence d'iode dans les eaux potables. — Le système nerveux existe chez tous les animaux; c'est, du reste, son absence qui sert à déterminer les êtres qui appartiennent au dernier degré de l'échelle animale. Le système nerveux est disposé, du reste, d'une façon assez régulière chez les animaux supérieurs. Plus on descend les degrés de l'échelle, moins il est développé; on voit des insectes dont le système nerveux, au lieu d'avoir son centre dans la tête, le possèdent au milieu réel de l'individu, dans les régions abdominales.

« Les nerfs moteurs agissent sur les muscles et les tendons pour opérer les mouvements volontaires; cette action est très-mystérieuse, ce n'est pas une traction ni une tension; on est conduit à croire que les nerfs ne sont pas les fils conducteurs de la volonté. Des savants ont fait à ce sujet les hypothèses les plus curieuses, et ont assimilé les nerfs à des agents électriques.

« Cette théorie est encore trop peu prouvée pour que

nous puissions la développer ici. Nous aurons, du reste, occasion d'y revenir à propos de l'électricité animale.

« Quoi qu'il en soit, les muscles et les tendons sont les agents directs des mouvements; ils exercent leur action sur les os eux-mêmes.

« Les muscles sont composés de faisceaux groupés, susceptibles de se dilater et de se contracter dans le sens de la longueur des fibres. Ils constituent dans leur masse ce que l'on appelle proprement la chair ou viande qui sert à la nourriture. Les muscles se terminent par des cordons rigides, inflexibles, qui sont accolés aux os, et qui ont pour but de les attirer pour concourir, chacun dans leur sens, à la production d'un mouvement.

« Les os sont donc la base de toute la constitution physique de l'animal. Qu'est-ce que les os, en général?

« Les os sont composés de deux parties bien distinctes, l'enveloppe et la moelle. La moelle est la partie vivante qui sert au développement et à la conservation de l'os. L'enveloppe se compose de même de deux parties : le carbonate de chaux, ou partie dure, et la gélatine. La gélatine est une matière transparente qui se fige en gelée et qu'on extrait facilement des os. Épurée, on l'emploie dans l'imagerie, ou quelquefois, colorée de toutes nuances, elle sert à remplacer les carreaux de vitres pour les portes de luxe. La gélatine des os, grossièrement extraite, est la matière qu'on emploie pour fabriquer la colle forte. Les os dont on a retiré la gélatine sont d'une blancheur éclatante et ont un aspect poreux; ils ont perdu une grande partie de leur solidité; ils deviennent cassants et ne peuvent plus servir à fabriquer ces mille objets de bimbeloterie si répandus. Mais ils ne sont cependant pas inutiles ; ils répondent aujourd'hui à un immense besoin de l'industrie moderne, le phosphore.

— Le phosphore, s'écria la petite Edmée ; oh ! expliquez-nous comment avec un os on peut faire du phosphore.

— Volontiers, dit M. Ratois, qui continua :

« Autrefois, pour produire du feu, on se servait du briquet traditionnel, et, à ce propos, on se fait aujourd'hui encore une idée assez fausse sur la cause qui fait jaillir l'étincelle du silex frappé par le briquet. Le briquet est un objet en fer, à surface plate, qu'on frappe vivement contre un morceau de silex convenablement taillé en biseau. Ce frottement rapide produit un dégagement de chaleur dont on se fait difficilement une idée ; les aspérités du silex éraillent le fer, c'est-à-dire qu'elles arrachent des portions microscopiques du métal. Ces espèces de copeaux, sous l'influence d'une chaleur puissante, s'enflamment et brûlent en produisant chacun une étincelle ; que cette étincelle tombe sur de l'amadou, et vous avez du feu. Voilà le principe du briquet. Aujourd'hui il est abandonné. Le phosphore l'a remplacé.

« Le phosphore est un corps simple. A l'état de pureté et soustrait à l'action de la lumière, il est transparent, et tellement inflammable, qu'il suffit de le toucher avec une barbe de plume pour le mettre en feu. C'est un des corps les plus dangereux de la nature ; les brûlures faites par le phosphore sont généralement incurables. Si l'on s'y prend à temps, le mieux est de couper le membre qui a été atteint par un éclat de phosphore brûlant. Le phosphore ne se trouve pas à l'état naturel ; il est combiné avec d'autres corps qui changent complétement ses propriétés. On l'extrait des os des animaux. L'os, débarrassé de sa gélatine, est un composé de phosphate et de carbonate de chaux ; les opérations qu'on lui fait subir sont trop complexes et rentrent trop dans le domaine de la chimie pour que je puisse les expliquer ici. Le phosphore se recueille dans l'eau ; on le conserve dans des bouteilles en verre bleu ou noir, afin de le soustraire à l'action du soleil. Il répand une odeur d'ail très-prononcée. Pour fabriquer les allumettes phosphoriques, on se sert d'une pâte où il entre du phosphore en très-petite quantité, on y ajoute du minium quand on veut colorer les allumettes en rouge. Il en est qui font entendre une petite détonation quand elles prennent feu. On obtient ce résultat en mélangeant à la pâte du salpêtre ordinaire. Lorsque les os ont rendu le phosphore qu'ils contiennent, ils tombent en une poussière qui devient complétement inutile : elle ne contient plus que du carbonate de chaux, un des corps les plus répandus de la nature. La composition chimique des os varie peu suivant les espèces d'animaux.

« Mais passons maintenant à ce que l'on appelle le squelette d'un animal, c'est-à-dire la charpente osseuse sur laquelle viennent se fixer tous les muscles et les tendons.

« Le squelette de l'homme se compose du crâne, la boîte osseuse qui renferme le cerveau. Le crâne est lui-même formé de plusieurs os juxtaposés, ou plutôt enchevêtrés les uns dans les autres. Dans le jeune âge, ces jointures sont extrêmement délicates et ne constituent guère qu'une membrane. Plus tard, la membrane s'épaissit, devient dure et fait corps avec les os eux-mêmes. Le crâne est une boîte fermée de toutes parts; elle n'a d'orifice qu'à la partie postérieure, par où passe la moelle épinière. La face est percée des deux orbites des yeux et des fosses nasales. Le crâne est soutenu par la colonne vertébrale, tout entière formée de petits os ou vertèbres articulés les uns sur les autres, et laissant dans leur ensemble un long orifice vide où prend place la moelle épinière. Les os du bassin forment la partie inférieure du squelette, c'est à eux que s'adapte la charpente des membres inférieurs. A l'endroit où s'arrête le cou, viennent s'adapter les deux clavicules, le sternum et les omoplates. Le bras se compose de trois parties : l'os du bras ou humérus, les deux os parallèles qui forment l'avant-bras, et la main. La même disposition existe pour les membres inférieurs, sauf qu'à la jointure de l'os de la cuisse et des deux os de la jambe, se trouve la rotule, petit os, mobile sur les deux autres, qui sert, à proprement parler, de charnière. Le sternum est cet os qui protége le milieu de la poitrine et où s'attachent les côtes. Plat chez l'homme, le sternum est bombé chez un grand nombre de quadrupèdes; chez les oiseaux, il affecte une forme particulière, semblable à la quille d'un navire. Les muscles qui y sont insérés sont d'une force étonnante. Chez les oiseaux, plus le vol de l'animal est rapide, plus le sternum est solide et proéminent.

« On compte généralement cinq sens : la vue, l'ouïe, le toucher, l'odorat et le goût.

« Les organes de ces sens sont : les yeux, les oreilles, les mains, le nez et le palais.

« Les yeux sont de véritables instruments d'optique ; l'intérieur est tapissé d'une membrane noire qui fait office de chambre obscure, et où la lumière ne pénètre que par un orifice assez étroit et rond, qu'on appelle la prunelle. La prunelle est un orifice et non un corps de couleur, comme on pourrait le croire ; cette couleur lui est donnée par le fond de la chambre noire, qui forme l'intérieur du globe de l'œil. Les bords de la pupille sont formés par cette bande circulaire, diversement colorée, suivant les individus : c'est l'*iris,* tantôt gris, bleu, brun ou vert. L'iris est formé de faisceaux de fibres qui jouissent de la propriété de se contracter ou de se dilater ; de cette façon, l'iris donne à la pupille des dimensions variables. Suivant que l'objet en vue est plus ou moins éloigné de l'œil, la pupille se dilate ou se resserre par un mouvement tout à fait instinctif, dont nous ne sommes pas les maîtres. La pupille est formée par une lentille transparente, qui fait l'effet des verres renfermés dans les instruments d'optique : c'est le *cristallin;* le tout, enfin, avec la partie blanche, est recouvert d'une membrane également incolore, appelée cornée transparente, qui préserve cet organe délicat de tout contact extérieur. De chaque côté des paupières, dans l'intérieur de l'orbite, se trouvent des glandes lacrymales, qui ont non-seulement pour but de produire ces gouttes qui soulagent de tant de douleurs, mais encore de répandre, d'une façon uniforme, une humidité constante sur la surface de l'œil, afin de le purifier de toute poussière ou souillure qui pourrait gêner la vue. Les rayons lumineux, émanés d'un objet, traversent le cristallin et vont se réfléchir dans le fond de la chambre noire ; c'est là que s'épanouit le nerf optique qui impressionne le cerveau. Celui-ci retourne l'impression donnée, et l'œil perçoit l'objet.

« L'odorat a son siége dans les fosses nasales. Il est admis que tous les corps sont odorants quand ils émanent des vapeurs ; en effet, les vapeurs émanées d'un corps quelconque viennent toucher la muqueuse interne du nez ; c'est là que s'épanouissent les papilles nerveuses du cordon appelé nerf olfactif. Ces papilles impressionnées reviennent au cerveau qui, à son tour, fait éprouver la sensation. Mais tous les corps peuvent avoir une odeur, pourvu qu'un phénomène quelconque leur fasse donner des vapeurs.

« Ce que nous disons de l'odorat, nous pouvons le dire du goût, à cette seule différence près, que tous les corps agissent sur le palais, pourvu qu'ils soient liquides, ou au moins solubles dans la salive. Les corps insolubles ne peuvent donner ce goût.

« Passons maintenant à l'organe de l'ouïe :

« L'oreille se compose de trois parties : l'oreille externe, l'oreille moyenne et l'oreille interne.

« La première comprend le pavillon, ce cartilage bizarrement disposé chez l'homme, mais qui, chez les animaux, offre souvent la forme d'un cornet. Cette dernière disposition est beaucoup plus favorable à l'audition. Vient ensuite le conduit auditif externe, qui se termine par le tympan : membrane qui fait l'office d'une peau de tambour, susceptible d'entrer en vibration au contact de l'air extérieur. Dans cet état, le tympan communique sa vibration à une masse liquide qui remplit le conduit auditif interne. C'est dans cette dernière cavité que sont disposés les divers instruments qui communiquent la sensation, la vibration au nerf auditif, dont les ramifications viennent s'épanouir là.

« Quant au sens du toucher, nous avons déjà eu occasion d'en parler : il est principalement développé à l'extrémité des doigts. C'est là que les papilles nerveuses viennent se développer immédiatement sous l'épiderme, et nous permettent d'apprécier la forme, la pesanteur d'un objet.

« Mais tous les sens ne sont pas également répartis chez toutes les espèces d'animaux. Suivant les besoins de chacun d'eux, tel ou tel sens est plus développé que tel autre. Mais on peut dire, en général, que les animaux de l'ordre supérieur, qui ont les facultés plus restreintes que l'homme, ont à leur disposition certains organes d'une subtilité qui supplée jusqu'à un certain point à ce qui leur manque d'intelligence. Ainsi, le chien a l'odorat plus fin que tout autre animal ; l'homme a utilisé cette précieuse qualité pour la satisfaction de ses plaisirs, pour la chasse, par exemple. Dans d'autres cas, on a fait un plus heureux emploi de cette propriété particulière. Quel touchant exemple que celui des chiens du mont Saint-Bernard, qui mettent à la disposition des religieux le flair délicat au moyen duquel ces hommes dévoués découvrent les malheureux ensevelis dans les neiges !

« Le chien possède encore à un degré plus élevé que nous la faculté auditive.

« On a souvent vanté la *fine oreille* des poissons. Sans

parler de la fausseté de cette expression, puisque les poissons n'ont pas d'oreilles, il faut cependant faire justice de cette idée généralement répandue. Il est un fait de physique bien démontré, c'est que le son se transmet bien plus facilement dans les milieux liquides, et surtout solides, que dans les milieux gazeux. Les poissons doivent donc percevoir dans l'eau les sons avec une facilité beaucoup plus grande que les animaux terrestres. A ce sujet, on a fait de curieuses expériences.

« Les plongeurs qui se trouvent au fond d'un fleuve, par exemple, entendent très-distinctement tous les bruits qui se produisent sur la rive. Souvent une conversation à voix basse, qui ne serait pas entendue à deux pas, sera saisie par un plongeur éloigné de vingt ou trente mètres. Cependant le bruit de l'eau elle-même forme un tumulte qui l'empêcherait de distinguer et de comprendre le sens des paroles.

« Si vous rencontrez quelqu'une de ces immenses pièces de bois qui servent à faire les mâts des vaisseaux, vous pouvez vous-même faire une expérience très-concluante. Imprimez un très-léger frottement avec le bout d'une canne sur la tranche, à une extrémité de la poutre, vous ne saisirez pas vous-même le bruit que vous produirez ; mais, si quelqu'un accole son oreille à l'extrémité opposée de la pièce de bois, il distinguera parfaitement le bruit du frottement que vous aurez exercé.

« Certains animaux ont le sens de la vue très-développé, le lynx, par exemple, dont la faculté visuelle est passée en proverbe. La nature a su, du reste, établir une admirable balance dans l'harmonie des facultés d'un animal suivant les besoins particuliers de son espèce. L'hirondelle, par exemple, n'a pas la vue très-longue ; mais, dans le cercle restreint de son rayon visuel, cette faculté est très-subtile, afin que le gracieux oiseau puisse apercevoir et suivre dans leurs bonds capricieux les insectes qui constituent sa nourriture. Les animaux qui, comme le porc, se nourrissent de substances végétales qui poussent à ras de terre, ont également la vue courte ; leur rayon visuel ne s'étend pas au delà d'une limite restreinte, suffisante pour chercher aux alentours les racines ou légumes dont ils ont besoin.

« Mais, en revanche, il semble que le goût ait gardé toutes ses délicatesses pour le palais de l'homme ; certes, il est de tous les animaux celui qui possède ce sens au plus haut degré. »

VIII

LES MANUFACTURES DE SOIE. — LA FABRICATION DES BAS. L'EAU DE SELTZ. — L'ANANAS. — LES ABEILLES. — LES FOURMIS. — L'UTILITÉ DE TOUS LES INSECTES. — L'HOMME CHEZ LES DIFFÉRENTS PEUPLES. — LA FERMENTATION. LA COMPOSITION DU SANG. — LE VIN. — LA BIÈRE. — LA MÉTALLURGIE. — LA FABRICATION DU VERRE. — L'OR. L'ARGENT. — LE MERCURE. — L'ALUMINIUM. — LE CUIVRE. LE BRONZE. — LE PLOMB. — LE FER. — L'ACIER. — LA VERRERIE.

M. Ratois paraissait fatigué.

« L'heure est venue de rentrer, dit-il ; ce soir, si vous le voulez bien, nous reprendrons la suite de cet entretien, car je m'aperçois que j'ai été entraîné très-loin dans mon sujet, et que je ne vous ai pas dit ce que j'avais de plus utile à vous dire.

— Cela arrive souvent, dit Edmée en poussant un soupir bruyant.

— Qu'as-tu ? lui demanda Abel, qui s'intéressait beaucoup à sa petite cousine.

— La belle robe de soie ! dit Edmée, que j'en voudrais une semblable ! »

On passait devant un marchand de nouveautés, et Edmée ne pouvait se lasser d'admirer la robe, objet de sa convoitise.

« Dis-moi ce que ça coûte, dit Abel, je te l'achèterai, moi. »

M. Ratois sourit.

« La soie a bien diminué, dit-il, mais ce qu'il faut d'étoffe pour une robe est encore trop cher pour toi.

— Edmée est si petite.

— C'est égal, la soie vaut encore aujourd'hui 8 à 10 francs le mètre ; il est vrai qu'il y a une différence immense avec les prix d'autrefois. Elle est accessible, à l'heure qu'il est, aux fortunes les plus modestes ; chez les Romains, elle était payée au poids de l'or, au point qu'on reprocha à Héliogabale de porter un vêtement de soie pure, et que l'empereur Aurélien ne voulut jamais accorder ce luxe à sa femme. Il fallut qu'au VIe siècle des moines, encouragés par Justinien, se procurassent des œufs de vers à soie et de la graine de mûrier dans la contrée appelée Serinde par Procope, et que l'on croit avoir fait partie de la petite Boukharie. Ils les apportèrent secrètement et à travers mille dangers jusqu'à Constantinople, où furent établies les premières manufactures de soieries en Occident. Cette industrie fut transportée en Italie, lorsqu'en 1148 le roi Roger eut emmené de la Grèce de nombreux ouvriers qu'il installa à Palerme. Dès le IXe siècle, les Arabes l'avaient introduite directement en Espagne, grâce à leurs relations commerciales avec la Chine. Le pape Grégoire X, Français d'origine, ayant transporté en 1268 le saint-siége à Avignon, fit venir d'Italie des mûriers, appela de Naples des filateurs et des tisseurs, et établit ainsi des fabriques de soie dans le Comtat-Venaissin.

« La terrible peste de 1723 leur porta un coup mortel. Lyon, Nîmes et Tours profitèrent de ce désastre. Les manufactures de la première de ces deux villes datent du XVe siècle, époque où les ouvriers de Lucques, de Florence et de Gênes, chassés par les querelles des Guelfes et des Gibelins, vinrent monter quelques métiers, que Louis XI s'empressa d'encourager par des lettres patentes du 24 novembre 1466.

« Ce monarque établit à Tours, en 1470, des fabricants grecs et italiens, et fit planter des mûriers dans son château du Plessis. Charles VIII ramena encore des ouvriers à la suite de son expédition de Naples en 1495. Les premiers bas de soie furent portés en France par Henri II, à la noce de sa sœur, en 1559. Sans poursuivre plus loin cette énumération, je dirai seulement que la propagation du mûrier est due surtout au fameux jardinier Trancat, de Nîmes, qui s'en approvisionna dans le Comtat-Venaissin et en Italie, et en répandit quatre millions de plants dans le Midi de la France. Je rappellerai encore qu'Henri IV créa de nombreuses pépinières dans les autres provinces, et fit planter, en 1601, vingt mille mûriers par Olivier de Serres, dans le jardin royal des Tuileries, auquel une vaste magnanerie fut annexée. De nos jours, le ver à soie et le mûrier sont acclimatés en Prusse, en Suède, en Russie, et non-seulement dans les deux Amériques, mais encore dans l'Australie, qui en a exposé à Londres de beaux spécimens.

« Ces triomphantes pérégrinations du mérinos, du ver à soie et du cotonnier justifient nos espérances à l'égard du yak, de l'alpaga, des vers du ricin, de l'ailante du chêne et de tant d'autres espèces d'animaux que notre société aura eu l'honneur de signaler à l'attention de nos contemporains.

— Les bas de soie doivent coûter fort cher ? fit observer Abel.

— Relativement, oui, dit M. Ratois ; mais cette élévation de prix n'est rien en comparaison de ce qu'elle était autrefois, moins encore pour le tissu que pour la fabrication. Dans l'antiquité, au moyen âge, jusqu'au XVIe siècle, les bas étaient un objet de luxe que seuls pouvaient porter les princes et les grands seigneurs. En effet, il est facile de comprendre par le temps et les soins que demandait la confection d'un bas qu'il devait être d'un prix élevé. Mais la mécanique est venue en aide aux tricoteuses, la mécanique a pu rapidement et économiquement fabriquer cet objet d'habillement, aujourd'hui indispensable.

« Cette transformation ne s'est pas opérée dans un seul jour. Bien que l'invention du métier à tricoter les bas ne soit pas une de ces découvertes qui changent la face du monde, elle mérite de nous arrêter quelques instants ; c'est là une question d'hygiène, et, comme nous dit M. Barthe dans un livre remarquable, tout ce qui touche à la santé et au bien-être des masses est digne d'occuper les hommes sérieux.

« Il sera tout aussi utile que curieux de connaître les principaux épisodes qui ont marqué cette invention et d'apprendre la vie malheureuse, tracassée de William Lee, l'inventeur.

« Vers la fin du XVIe siècle, William Lee faisait partie comme étudiant du collége de Cambridge. S'étant marié contre les statuts du collége, il en fut chassé. Peu favorisé des dons de la fortune, il vivait retiré avec sa jeune femme et un enfant : sa femme, pour subvenir aux frais du ménage, tricotait nuit et jour. William Lee se demanda s'il ne serait pas possible de trouver un moyen mécanique d'imiter les mouvements des doigts lorsqu'ils tricotent. Ce moyen, il le trouva bientôt, et l'on vit fonctionner le métier à tricoter. Il établit une fabrique de bas à Calverton, non loin de Nottingham ; mais, sans protection, ne trouvant que de l'indifférence auprès de la reine Élisabeth, il gagna la France, où Henri IV et Sully l'accueillirent avec faveur. Après leur mort, il fut persécuté comme protestant, et mourut à Paris dans le plus complet dénûment. C'est malheureusement le sort de presque tous les inventeurs; il semble que l'audacieux qui arrache un secret à la nature soit destiné à payer ses découvertes de sa vie.

« Mais un de ses ouvriers, nommé Aston, revint en Angleterre, et y établit de grandes manufactures ; depuis lors, les métiers à tricoter furent admis dans toute l'Europe. Colbert protégea cette industrie, et, sous son administration, la France s'enrichit de nombreux ateliers de construction mécanique de bas.

« En fouillant dans l'histoire des métiers à tricoter, on trouve que certains auteurs contestent à William Lee cette utile invention ; mais, d'après les dates, ce ne peut être que lui. On raconte qu'un ouvrier français, de la basse Normandie, inventa le *métier* à tricoter, et présenta à Louis XIV une magnifique paire de bas fabriqués par son procédé mécanique.

« La légende ajoute que la corporation des *bonnetiers*, craignant de voir son commerce ruiné, gagna le valet de chambre du roi. Celui-ci fit habilement quelques coupures aux bas avec des ciseaux, qui devinrent d'énormes déchirures quand Louis XIV voulut les mettre. C'est ainsi que fut rejeté l'inventeur français. Mais William Lee fut protégé par Henri IV, et le Français ne paraît que sous Louis XIV ; notre impartialité doit donc se prononcer pour William Lee. »

On arriva à la maison et l'on se mit à table. Avec les bouteilles de vin et la carafe d'eau, la servante apporta aussi deux siphons d'eau de Seltz.

« Il y a de l'eau de Seltz de deux sortes, dit M. Verteil : l'eau de Seltz naturelle, dont la source est en Allemagne, et l'eau de Seltz artificielle ; c'est de celle-ci que nous buvons à table.

— Mais, dit Abel, consomme-t-on beaucoup de cette eau pétillante ?

— Il s'en est bu, en 1862, lui répondit M. Verteil, cinquante-cinq millions de siphons, c'est-à-dire pour une valeur de vingt-deux millions. L'eau de Seltz est excellente pour les voies digestives, dont elle facilite les opérations, et on l'emploie aujourd'hui partout. Quant à sa fabrication, elle est des plus simples, mais n'est pas sans offrir quelque danger. Les ouvriers qui y travaillent n'opèrent pas sans avoir un masque sur le visage. »

M. Verteil, voulant adoucir l'amertume de la leçon, ordonna que l'on apportât le dessert.

C'était un superbe ananas.

« Je gage, dit M. Verteil à Abel, que tu ne sais pas d'où nous vient cet excellent fruit ? »

L'enfant avoua son ignorance.

« Eh bien, dit M. Verteil, l'ananas est originaire de l'Amérique. M. Louis Noisette, dans son *Jardin fruitier*, dit que le premier qu'on ait vu en Angleterre y fut apporté en 1790. Il ajoute que l'année de son introduction en France n'est pas précisément connue, et il la place approximativement en 1728. C'est à cette époque que Louis XV, à qui on aurait envoyé deux œilletons, les aurait confiés à son jardinier, Lenormand fils. Leur fruit ne put parvenir à maturité, mais ils produisirent deux autres œilletons, qui, mieux cultivés, produisirent des fruits mûrs en décembre 1733. L'ananas de Versailles, en 1733, ne devait donner cependant qu'une faible idée de l'ananas d'Amérique. C'est à peine si aujourd'hui, après plus d'un siècle de savante culture, il acquiert, sous l'influence de la chaleur des serres chaudes, une saveur raisonnablement comparable à celle de ces fruits qui mûrissent sous les ardeurs tropicales. C'est sous cette haute température qu'il faut les voir; tous les terrains, toutes les expositions leur conviennent ; ils poussent sur les mornes escarpés, près des ruisseaux et des fontaines murmurantes, dont ils ornent les bords de leur verdure pâle et de leurs fruits dorés ; c'est là que l'ananas est dans toute sa gloire, dans toute sa pompe royale, au dire de l'immortel auteur de *Paul et Virginie,* le plus beau des fruits par les mailles de sa cuirasse, par son panache teint en pourpre et par son odeur de violette.

« Le suc de l'ananas est très-rafraîchissant et possède toutes les qualités nécessaires pour calmer l'ardeur des fièvres inflammatoires ; il paraît être un précieux vermifuge, si l'on en juge par l'anecdote suivante :

« Un Européen, à Ceylan, atteint d'une violente maladie aiguë, demandait, par grâce, à manger de l'ananas ; le médecin refusa, le malade mourut, et l'on trouva dans son estomac un très-gros lombric encore vivant. Un des assistants, se rappelant le désir exprimé par le malade, s'avisa de répandre quelques gouttes de suc d'ananas sur le ver, qui mourut à l'instant.

« Les Indiens et les Américains composent avec le suc d'ananas une boisson vineuse très-rafraîchissante. Ils en font aussi d'excellentes confitures et des gâteaux. En Europe, pour le manger, on le coupe par tranche, on le couvre de sucre, et on le trempe dans du vin d'Espagne ou dans de l'eau-de-vie sucrée. Les paquebots anglais en apportent de très-grandes quantités à Londres, où ils se vendent à des prix assez bas. »

Le dîner était terminé. Les enfants quittèrent la table et suivirent M. Ratois.

« J'espère, leur dit celui-ci, que vous n'avez aucune

raison pour ne pas reprendre notre petit cours d'histoire naturelle?

— Aucune, Monsieur Ratois, dit Abel.

— Seulement, dit Edmée, qui, en qualité de petite fille, était assez volontaire, parlez-nous des insectes, des abeilles, par exemple, j'ai assez de tous vos gros animaux.

— Soit, mon enfant, dit M. Ratois, d'autant plus que rien n'est plus curieux que cette étude.

« On ferait un volume avec l'histoire des abeilles. L'esprit est confondu en présence d'une telle merveille.

« Quel État plus sagement administré que la plus petite ruche? où l'autorité suprême est-elle mieux respectée? quel pays trouve une aussi complète adhésion aux décisions de son chef? La république est dirigée par une reine, qui est chargée de la mission sacrée de fournir des citoyens et des travailleurs. Quelle autorité plus touchante que celle qui ne s'appuie ainsi que sur le sentiment le plus pur de la nature! Aussi comme elle est respectée, honorée! La besogne se partage entre tous les membres de la république : à celle-ci de faire ses plans; à celle-là de les exécuter. Les unes n'ont pour mission que d'aller butiner de fleur en fleur, afin d'apporter les matériaux à leurs sœurs, ouvrières à demeure; et les cellules s'élèvent côte à côte, d'une régularité géométrique; un étage achevé, un autre s'élève, et ainsi de suite. Pas de paresseuses; celles qui se laissent imprudemment aller à ce vice odieux sont impitoyablement mises en pièces par leurs sœurs. Mais il ne faut pas croire que toutes les abeilles travailleuses soient appelées à pétrir l'une la cire, l'autre le miel; il y a des contremaîtres qui parcourent sans cesse les rangs pour diriger les travaux, surveiller les ouvrières. C'est un spectacle à mourir de rire, si l'on n'était pultôt tenté de verser des larmes d'admiration.

« Si, des abeilles, nous passons aux fourmis, on ne se lasse pas de s'étonner. L'existence de la fourmi a une utilité moins directe que celle de l'abeille; mais, de ce que l'homme n'ait pas à en tirer profit, il ne faut pas que notre enthousiasme à l'égard de ces intéressants petits êtres se refroidisse. La fourmi se creuse à elle-même un gîte assez souterrain pour ne pas craindre les intempéries de l'air. La fourmilière se compose d'un certain nombre de galeries où ces petits insectes trouvent chacun leur place. Plus intelligente que certains insectes rongeurs, qui ne dévient jamais de la ligne droite dans leurs pérégrinations, et troueraient volontiers une montagne qui leur barre la route, la fourmi tourne les obstacles. Mais un fait curieux, c'est l'entente avec laquelle s'exécutent tous leurs mouvements. Un chef de file s'avance, toute la compagnie le suit, marchant un à un, s'arrêtant quand il s'arrête; aucun de ces petits insectes ne dépasse celui qui le précède; bientôt on aperçoit une ligne creusée dans le sol qui signale le passage de la troupe, et dont pas un seul soldat n'a dévié d'un centième de millimètre.

« Les fourmis se reproduisent au moyen des œufs. Au moment de la ponte, la fourmilière est remplie d'œufs. C'est alors que l'instinct de ces intéressants insectes se révèle tout entier. Qu'une catastrophe quelconque vienne jeter le trouble dans leur domicile, détruire quelques galeries, mettre à nu ces œufs si chaudement, si précieusement couvés, aussitôt l'alarme se répand dans toute la république. Chaque mère s'empresse, court, fouille au milieu des décombres, jusqu'à ce qu'elle ait retrouvé son œuf; elle le reconnaît, et, avec une adresse admirable, le fait glisser sur son dos; la voilà, ainsi chargée, qui trotte par la terre, le sable, évitant avec une sollicitude sans égale les chocs qui pourraient endommager l'espoir de sa progéniture. Puis, dès que le danger est passé, toute la colonie travaille à réparer le désastre.

« La Fontaine a dit que la fourmi n'est pas prêteuse; c'est, chez elle, un défaut qui est peut-être l'exagération d'une qualité, la prévoyance. C'est qu'en effet les naturalistes qui ont pénétré dans la vie intime de cet industrieux insecte y ont découvert une particularité des plus curieuses. Les fourmis nourrissent et entretiennent, pour les besoins de leur progéniture, de véritables vaches laitières; entendons-nous, et gardons bien les proportions. Ces vaches sont tout simplement de petits pucerons, bien gras, bien dodus, qu'elles traient elles-mêmes, et dont le suc fait le bonheur des fourmis en bas âge. La sollicitude des parents pour ces fournisseurs est telle qu'ils établissent dans les fourmilières de véritables parcs où les pucerons sont gardés à vue, nourris des meilleurs sucs, et défendus contre les ennemis du dehors avec un acharnement incroyable.

« Un naturaliste américain vient de découvrir que les ourmilières entretenaient de véritables succursales de leurs parcs à pucerons, et que, quand la place manque, ou transporte sur les branches d'un arbuste particulier l'élément de prospérité de la jeune génération.

« Peut-on rien imaginer de plus curieux que de voir ces petits insectes venir à une heure fixe traire leurs pucerons, leur apporter de la nourriture, les soigner comme de véritables enfants de leur espèce !

« Mais, hélas ! il y a une vilaine page à lire dans l'histoire de la fourmi ; la petite bête entretient l'esclavage ! Oui, l'esclavage ! Les fourmis rouges enlèvent des tribus de fourmis noires, et les forcent à travailler pour elles ! Ne nous arrêtons pas à cette triste page.

« Il est un fait singulier et généralement peu connu, qui touche aux insectes, et particulièrement à ceux qu'on connaît sous le nom de parasites. Tandis que la mouche, par exemple, s'acharne à la peau d'un cheval, pour se nourrir du sang qu'elle lui soutire, elle aussi a son fléau, son parasite, un insecte beaucoup plus petit qui vit à ses dépens, attaché à une partie d'elle-même. Cet insecte a lui-même son parasite.

« Du haut en bas de l'échelle, le même fait se reproduit, et toujours avec utilité. Voyez plutôt : le héron (garde-bœuf) défend des mouches et des tiquets l'espèce bovine. La cigogne se nourrit de reptiles. La buse mange, en un an, plus de quatre mille rats, souris, mulots et taupes. Le hibou a les appétits de la buse, et, en outre, détruit les insectes nocturnes et crépusculaires. Le corbeau engloutit une quantité prodigieuse de vers blancs. La pie nettoie d'insectes les endroits pourris des arbres. La caille, le râle et la perdrix mangent des vers de terre. Le coucou s'arrange des chenilles velues, que les autres oiseaux ne peuvent manger. Le merle purge les jardins de colimaçons et de limaces, et, comme la grive, avale par millions, dans le cours d'une année, les insectes nuisibles. Le menu de l'étourneau est à peu près le même que celui de la grive ; il fait aussi une forte consommation de sauterelles et de mordelles. Le vanneau est l'ennemi acharné du taret, destructeur des constructions navales. L'alouette s'attaque aux vers, aux grillons, aux sauterelles, aux œufs de fourmi, à la cécydomie et aux élatérides. Le moineau dévore les vers blancs, les hannetons, les pucerons, etc. ; sa couvée a besoin de quatre cents insectes par jour. Le bouvreuil chasse les parasites du gros bétail. Il faut, chaque jour, à une couvée de troglodytes, cent cinquante chenilles. L'ordinaire de la couvée du roitelet huppé est le même. Le rossignol est un grand destructeur de larves de cossus et de scolytes et d'œufs de fourmi. La fauvette chasse dans l'air les mouches, les petits scarabées et les pucerons. L'hirondelle se régale d'un nombre prodigieux d'insectes. C'est par centaines qu'il faut compter les chenilles que chaque jour la mésange sert à sa jeune famille. Dans une chambre, un rouge-queue peut prendre six cents mouches en une heure. Le traquet attrape au vol mouches et petits scarabées; il mange aussi des vermisseaux. Le pinson s'attaque avec acharnement aux achydes. Vingt bergeronnettes purgent de charançons un grenier à blé.

« Vous voyez, d'après cela, combien est impie et barbare la guerre aveugle que certaines gens, et peut-être bien parmi eux des enfants, font aux petits oiseaux. Non-seulement la destruction qu'on en fait est une coutume d'une cruauté impardonnable, mais elle porte encore atteinte à la prospérité de nos campagnes, au salut de nos moissons.

« Après avoir longuement parlé des animaux en général, de leur constitution physique, des fonctions qui concourent à leur existence, il n'est que juste de nous occuper un peu spécialement de l'homme.

« Il est une grande question soulevée par les naturalistes aussi bien que par les philosophes, c'est celle de l'unité de l'espèce humaine. L'homme a-t-il plusieurs origines? Sommes-nous tous sortis de la même souche, le nègre avec le Japonais, avec le Circassien?

« Quoi qu'il en soit, on est convenu de distinguer trois types dans l'espèce humaine :

« Le type circassien ou race caucasienne, à laquelle nous appartenons ; le type nègre ou cafre ; et le type mongol, dans lequel rentrent les Chinois, les Japonais et en général tous les peuples de l'Asie orientale.

« Outre ces trois grandes divisions, il faut encore compter quelques variétés qui peuvent, du reste, se rattacher à l'une ou l'autre de ces trois espèces.

« La race blanche ou caucasienne se distingue par la couleur de la peau généralement rosée, par l'angle facial qui se rapproche beaucoup de l'angle droit ; par la chevelure, variée dans ses nuances, mais lisse et pouvant acquérir un grand développement ; la barbe est généralement et souvent très-fournie.

« A ce type peuvent se rattacher un grand nombre de peuplades sauvages de l'Amérique qui ne diffèrent de notre espèce que par la couleur de la peau.

« Les individus de la race nègre ont la peau noire, les lèvres très-épaisses, le nez épaté ; leur chevelure est crépue et peu longue ; ils ont rarement de la barbe. Mais ce qui constitue le caractère particulier de cette race, c'est l'inclinaison de l'angle facial, qui rétrécit considérablement le volume du cerveau. Cette race habite les côtes d'Afrique ; on ne trouve de nègres en Amérique que ceux qui y ont été transportés violemment par cet odieux système de la traite des noirs.

« Le nègre est doué d'une force musculaire vraiment redoutable ; il a en outre le crâne d'une dureté et d'une solidité qui lui permet de se servir de sa tête pour lutter ou même pour briser les obstacles. Du croisement des nègres avec les colons sont sortis les *mulâtres*, type mixte qui tient de l'une et de l'autre espèce ; le mariage du mulâtre et d'une femme blanche produit les *quarterons*.

« La race mongole, représentée par les peuples de l'Asie, se fait remarquer par le teint olivâtre de la peau, par une figure plate et le front un peu plus déprimé que les individus de la race blanche.

« Les Chinois appartiennent à cette race. Peuple d'une civilisation extraordinairement avancée à certains points de vue, très-ignorant et barbare sur d'autres, les Chinois ont dû être autrefois une terrible puissance ; ils avaient la poudre à canon bien avant nous. Leur langue est la plus difficile à apprendre de toutes les langues connues ; la lecture et l'écriture ne sont à la portée que d'un très-petit nombre de Chinois.

« Il est un fait remarquable, c'est que la vie de

nature développe singulièrement, non-seulement la force musculaire, mais encore la subtilité des sens. Ainsi les sauvages possèdent une vue et des facultés acoustiques extraordinaires; le sens de l'odorat est chez eux aussi d'une délicatesse dont les hommes civilisés sont loin d'approcher.

« La raison de cette supériorité physique est dans leur genre de vie. Les sauvages, qui n'ont à leur disposition aucun des arts que nous connaissons, sont obligés de chercher eux-mêmes leur nourriture. Cette poursuite continuelle les rapproche des animaux, dont les sens se développent en raison du besoin plus pressant qu'ils en ont. »

En ce moment un pauvre passa sa tête à travers la grille du jardin et demanda l'aumône.

Abel courut chercher une grande tranche de pain qu'il donna au mendiant.

« J'ai eu comme un remords, dit-il en revenant, je me suis aperçu que mon pain avait un grand trou, mais j'ai mis une petite pièce blanche dedans pour combler le vide, ajouta-t-il en souriant.

— Tu as bien fait, dit M. Ratois; l'aumône est le premier service des riches, et si le bon Dieu aime les enfants qui prient, il aime surtout ceux qui donnent.

— Mais, Monsieur Ratois, dit la petite Edmée, pourquoi trouve-t-on des trous dans le pain?

— Parce qu'il a fermenté, répondit le vieillard.

— Expliquez-nous cela, Monsieur Ratois.

— Volontiers, mes enfants.

« La fermentation est une action chimique qui se

produit naturellement dans les corps organiques, et qui a pour but de les décomposer en leurs éléments simples, soit pour les laisser séparés, soit pour les faire entrer dans d'autres combinaisons chimiques dont le résultat sera un autre corps. En réalité donc, la fermentation est une décomposition; on l'a utilisée dans la préparation d'un grand nombre de substances qui servent à notre nourriture, telles que pain, vin, bière, etc.

« Le principe de la fermentation est la production d'un principe appelé *ferment*. Le ferment se compose de petits globules qui viennent s'ajouter les uns aux autres, formant ainsi des branches de formes diverses, qui se répandent et se propagent dans l'intérieur du corps qui entre en fermentation.

« Ce phénomène ne se produit que dans des conditions déterminées. Il faut d'abord une température moyenne de vingt à vingt-cinq degrés. La présence de l'oxygène est nécessaire; la présence de matières azotées est en outre indispensable.

« La fermentation la plus remarquable est celle qui s'exerce sur les sucres et qui produit la décomposition de ceux-ci en alcool et acide carbonique. C'est là le principe de la fabrication du vin, de la bière et des autres liqueurs.

« Avant de traiter cette question, occupons-nous de la fermentation de la substance azotée renfermée dans la farine qui sert à la panification.

« La farine du blé se compose essentiellement de deux parties : l'amidon et le gluten. Nous avons déjà parlé de l'amidon. Le gluten est une substance jaunâtre, collante, élastique, qui se sépare assez facilement de l'amidon. C'est le gluten qui produit la fermentation. Pour faire du pain, on commence par mettre de la farine dans une huche, on y verse de l'eau, et le boulanger procède au pétrissage de la pâte; il la tourne, la retourne, de façon à en faire une masse bien homogène; il y mêle ensuite une certaine quantité de levûre de bière. La levûre de bière est une matière azotée qui subit le travail de la fermentation et qui sert de ferment à la pâte du pain. On laisse ensuite reposer la pâte. Celle-ci fermente, et dans cet état elle *lève,* c'est-à-dire que les gaz qui résultent de la fermentation soulèvent en certains endroits la masse pâteuse, et finissent par lui donner un volume plus considérable que celui qu'elle avait auparavant. On laisse ensuite agir la fermentation, en ayant soin de maintenir la pâte à une température constante. Au bout de cinq ou six heures on met la pâte au four. La chaleur a la propriété d'arrêter la fermentation. Le pain gonflé se cuit lentement.

« Le pain est une nourriture très-substantielle; le gluten, en effet, a une constitution analogue à la fibrine du sang. Le pain est donc une nourriture très-saine et qui a peu de transformation à subir dans le travail de la digestion pour se mêler au sang.

« A ce propos, il est bon de parler ici de la composition de ce liquide vivifiant dont nous avons étudié la marche et l'utilité.

« Le sang se compose principalement de deux substances, la *fibrine* et l'*albumine*. C'est la fibrine qui détermine la coagulation du sang, phénomène qui donne la mort. Si par une cause quelconque la fibrine perd sa fluidité, le sang s'arrête dans les veines, la circulation cesse et la vie se retire du corps. L'albumine est la matière qu'on rencontre dans les œufs sous le nom de blanc; elle se coagule également sous l'influence de la chaleur ou sous l'action d'un acide. L'albumine contient les *globules*.

« La matière colorante du sang est formée d'une infinité de globules rouges et microscopiques, généralement sphériques dans l'homme, mais qui affectent chez certains animaux une forme plus ou moins aplatie.

« L'albumine se rencontre également dans le lait, avec une substance particulière qu'on appelle caséine. Le lait, abandonné à lui-même, se décompose. Le beurre vient se porter à la surface avec le sucre de lait.

« Passons maintenant à la fermentation alcoolique.

« La fermentation alcoolique, avons-nous dit, est celle des sucres qui se décomposent en donnant pour résidu de l'alcool et de l'acide carbonique.

« Le raisin contient une grande quantité de glucose, cette variété du sucre de fruit dont nous avons déjà parlé. La glucose du raisin ne serait pas soumise à la fermentation si on ne brisait d'abord la pulpe qui enveloppe chaque grain. Il faut l'action de l'air. Pour briser cette pulpe, on entonne les raisins dans des cuves, on les piétine, on les masse de façon à opérer un premier écrasement. C'est un curieux spectacle que celui de ces cuves. Les vendangeurs, pieds nus, triturent cette masse de raisins écrasés; on serait peu tenté de boire le produit d'une opération aussi rebutante, mais la fermentation est un travail si énergique que rien d'étranger n'y résiste.

« On porte ensuite au pressoir les raisins qui ont déjà donné une partie de leur jus, afin d'en extraire tout ce qu'ils contiennent. Le jus ainsi extrait est abandonné à lui-même dans des cuves, où la fermentation se produit avec une incroyable énergie. En effet, les parois des cuves sont brûlantes. Mais on peut le constater d'une autre façon. L'acide carbonique qui résulte de la décomposition de la glucose se répand de tous côtés au dehors, et en vertu de son poids il se dépose à la surface du sol. Il serait d'une imprudence mortelle pour les vendangeurs de rester assis à terre, et à plus forte raison de s'endormir dans les caves.

« On fait ensuite couler le vin dans les tonneaux, où la fermentation s'achève. On procède alors à l'opération du collage. Elle consiste à introduire dans le tonneau une colle particulière appelée colle de poisson, qui se coagule au contact de l'alcool, forme un réseau qui, en se déposant, entraîne tout ce que le liquide pouvait contenir de parcelles impures.

« Le raisin, suivant ses provenances et le sol où il a poussé, contient des huiles essentielles de diverses natures qui donnent au vin ce qu'on appelle son *bouquet*, c'est-à-dire ce parfum spécial qui lui donne une valeur vénale si différente.

« Le vin de Champagne subit une préparation particulière ; il doit son nom moins au sol où il vient qu'à son mode de fabrication.

« Pour faire du vin de Champagne on emploie du vin blanc ; on l'enferme dans des bouteilles avant que la fermentation ne soit achevée. Les bouteilles ficelées, fermées, empêchent le dégagement au dehors de l'acide carbonique provenant de la fermentation. On dispose les bouteilles dans des caves, couchées sur des plans inclinés. Ces plans se terminent par une rigole destinée à recevoir le vin qui s'écoule des bouteilles que la fermentation a fait éclater. Ce qui rend le prix du vin de Champagne si élevé, c'est le grand nombre de bouteilles qui se brisent pendant la fermentation. Celles qui résistent renferment alors cette liqueur, où l'acide carbonique s'est dissous en partie, mais où il en reste encore assez à l'état libre et comprimé pour que le bouchon saute en produisant une forte détonation dès qu'on le lui permet.

« Il n'est peut-être pas de vin qu'il soit aussi facile de falsifier que celui-là. Au moyen d'une limonade très-simple, et de quelques substances qui produisent de l'acide carbonique, on imite parfaitement la couleur, l'aspect, la nuance du vin de Champagne ; quelques morceaux de sucre candi ajoutent le parfum, et on a une espèce de tisane, fort agréable à boire, du reste, mais qui ne contient pas une goutte de jus de raisin.

« On falsifie en général presque tous les vins. Aujourd'hui les boissons sont soumises à un contrôle qui rend la falsification plus difficile et plus rare. Mais il y a quelque trente ans, on a fait de nombreuses arrestations, et versé dans la Seine des quantités énormes de vin falsifié.

« Il est à ce sujet une petite anecdote :

« Le grand chimiste, baron Thénard, avait un jour

été choisi pour faire l'analyse d'une immense quantité de tonneaux de vin falsifié, et qu'un riche marchand avait fait venir du Havre à Paris.

« Le savant analysa le vin et constata qu'il renfermait telle et telle substance, qui sont en effet dans le jus du raisin, mais que telles autres y manquaient. Le marchand fut condamné à une amende très-considérable, et tout son vin s'en alla rougir les flots de la Seine. Le lendemain de l'exécution, le marchand frappa à la porte du chimiste :

— C'est vous, Monsieur, qui avez fait l'analyse de mon vin ?

— Oui, Monsieur.

— Il y avait bien, en effet, telle et telle substance ?

— Parfaitement.

— Mais qu'y manquait-il, alors, pour que ce fût du vin ?

« Le chimiste, sans se déconcerter, lui répondit :

— Il manquait de l'acide tartrique.

— Oh ! Monsieur, répond le marchand, je n'oublierai jamais le service que vous venez de me rendre. Je vous remercie, je sais maintenant ce qui manquait à mon liquide pour qu'il fût du vin. Je saurai en faire du véritable maintenant.

« Et il se retira tout joyeux, en laissant le chimiste tout interloqué.

« La bière se fabrique avec de l'orge qu'on a fait germer ; le germe de l'orge porte avec lui une substance nommée *diastase*, qui sert à produire la fermentation. La bière est une boisson plus rafraîchissante que le vin, grâce au houblon qu'elle contient. Dans certains pays elle est très-capiteuse. »

Il était de bonne heure, M. Ratois continua :

« Je vous ai parlé l'autre fois de la métallurgie; nous en causerons encore aujourd'hui, si vous le voulez bien.

« La métallurgie est l'art d'extraire les métaux des minerais qui les contiennent.

« Il est très-peu de métaux qui se trouvent dans la nature à l'état métallique; l'or et le platine sont les seuls exploités de cette manière.

« On trouve le platine en grains mêlés aux sables que roulent les fleuves. Les fleuves platinifères sont ceux qui descendent de la chaîne des monts Oural, entre la Russie d'Europe et la Russie d'Asie.

« L'or a été longtemps extrait de la même source que le platine; il y avait aussi des cours d'eau aurifères dans la Provence. On employait alors un procédé particulier, qui est abandonné aujourd'hui. On étendait dans le lit du cours d'eau des pièces de gros drap pelucheux, ou des peaux de mouton qu'on assujettissait avec de grosses pierres placées aux quatre coins. Le sable aurifère, entraîné par le courant, passait sur le drap ou les peaux; il était retenu quelques instants par les poils, mais le courant entraînait bientôt le sable seul et laissait l'or, qui est beaucoup plus lourd. De cette façon on avait une infinité de paillettes ou pépites d'or prises dans la laine de l'étoffe ou de la peau de mouton; on retirait alors cette espèce de filet, on le peignait et on recueillait l'or.

« Plus tard, lorsque les Espagnols firent la conquête du Pérou, ils trouvèrent des quantités d'or prodigieuses, qui se trouvait répandu par places. Les cours d'eau en charriaient également beaucoup. De cette époque date la première baisse de prix de la monnaie d'or; de nos jours, la découverte de la Californie a multiplié le numéraire, l'or est devenu moins rare et par conséquent moins précieux. Voici le procédé employé pour recueillir l'or entraîné par les cours d'eau :

« On barre la rivière, de façon à retenir le sable, on retire celui-ci pour le faire préalablement sécher; puis on le porte sur un tamis agité d'un mouvement de va-et-vient, et disposé suivant un plan légèrement incliné. Bientôt, par le mouvement du tamis, les plus grosses parcelles de sable descendent, ne laissant que le sable fin mélangé de poudre d'or; après avoir successivement fait subir la même opération au sable aurifère, la couleur de celui-ci se rapproche de plus en plus de celle de l'or, ce qui prouve que le sable diminue sans que l'or disparaisse.

« Lorsque le sable a atteint la nuance voulue, on le verse dans des vases où on jette du mercure. Le mercure jouit de la propriété de se combiner avec tous les métaux ; il forme ce qu'on appelle un *amalgame*. On fait couler l'amalgame dans une cornue en terre, le sable reste au fond du vase. On fait chauffer la cornue; le mercure, qui est très-volatil, se change en vapeurs et vient se condenser, en passant par un conduit, dans un récipient, où il reprend sa forme primitive. Lorsque l'amalgame a rendu tout le mercure qu'il contenait, il ne reste dans le fond de la cornue qu'un lingot d'or pur Le mercure ainsi employé peut servir indéfiniment à l'opération.

« L'or pur est trop mou pour pouvoir être employé soit comme monnaie, soit travaillé en bijoux. Pour lui donner de la consistance, on le mélange avec une proportion de cuivre qui varie suivant l'usage qu'on en veut faire. Le titre des monnaies d'or est d'un dixième, c'est-à-dire que sur dix grammes d'or monnayé il y a un gramme de cuivre. Le titre de l'or employé dans la bijouterie est de cinq centièmes, c'est-à-dire la moitié du titre des monnaies. Sur dix grammes d'or que contient un bijou, il y a un demi-gramme de cuivre. Cette différence s'explique facilement : on conçoit que les monnaies ayant un cours plus fréquent que les bijoux, et passant de main en main, s'useraient beaucoup plus vite que ceux-ci, qui ont moins de fatigue.

« La métallurgie de l'argent est loin d'être aussi simple que celle de l'or; cela provient de ce que l'argent ne se trouve pas dans la nature à l'état natif, mais toujours en combinaison avec un autre corps, le soufre généralement, à l'état de *sulfure* d'argent.

« Il y a deux procédés employés ; le plus curieux est celui dont on se sert au Mexique. Du reste, la différence de ce procédé avec celui usité en Europe ne diffère que quant aux moyens d'action, car le travail chimique est le même ; il consiste à faire changer le sulfure d'argent en chlorure d'argent. Au Mexique, les mines d'argent sont d'une richesse incroyable ; ce métal a une valeur considérable par suite de la cherté des moyens d'extraction, sans quoi il tomberait presque à bas prix. Les mines d'argent se trouvent généralement sur des plateaux isolés, situés à une grande distance des villes, et entourés de plaines presque inhabitables. En outre, l'eau et le bois, qui sont si nécessaires dans les opérations métallurgiques, y sont très-rares.

« On commence par extraire le minerai de la mine, et on le concasse en morceaux de la grosseur du poing. On porte ensuite les morceaux sur une aire très-vaste et dallée en pierre ; cette aire est entourée d'une barrière et terminée de toutes parts par une rigole. On mêle au minerai une certaine quantité de sel marin. Le sel marin est du *chlorure de sodium*, il doit servir à transformer le minerai en chlorure d'argent. Mais, pour arriver à ce but, on lâche dans l'aire une vingtaine de chevaux sauvages, qui ne sont pas ferrés, on fait piétiner le minerai par ces animaux pendant trente jours environ, afin de réduire le minerai en poudre et de le bien mêler avec le sel. Si le bois et l'eau étaient moins rares, la plus simple machine pourrait remplir ce but. Les chevaux à l'état sauvage sont nombreux dans le pays, mais, lorsqu'ils ont servi à cette opération, les malheureux ne tardent pas à mourir dans des douleurs atroces. En effet, après trente jours de ce piétinement, on verse sur le mélange poudreux une certaine quantité de mercure, et on lance de nouveau les chevaux sur ce sol meurtrier. Je dis meurtrier, car le mercure attaque toutes les substances animales ou végétales, il ne tarde pas à pénétrer dans les os de ces malheureux chevaux, qui, au bout de quinze jours, ne sont plus bons qu'à être abattus. Mais revenons à l'opération : Le mercure s'empare de l'argent et forme, comme pour l'or, un amalgame qui ne tarde pas à couler dans les rigoles dont j'ai parlé et qu'on recueille. Recueilli, l'amalgame est traité par la chaleur, et, lorsque le mercure a été complétement volatilisé, on obtient un lingot d'argent. Mais on perd dans cette préparation une grande quantité de mercure. Ce métal, en effet, se volatilise très-rapidement, même à la température ordinaire, et pour obtenir cent kilogrammes d'argent, on perd environ cent quatre-vingts kilogrammes de mercure.

« Grâce à cette grande volatilité du mercure, les ouvriers qui travaillent aux diverses industries dans lesquelles ce métal est employé ne tardent pas à se sentir pénétrés de ces terribles vapeurs, et il en est peu qui puissent y résister plusieurs années sans périr dans d'horribles douleurs.

« Si cette propriété du mercure est pernicieuse, en revanche elle facilite singulièrement l'extraction de ce métal. Il y a peu de mines de mercure ; les plus célèbres sont celles d'Idria et d'Almaden, en Espagne. Les moyens d'extraction sont à peu près les mêmes, à quelques dispositions près. Le minerai est un sulfure de mercure ; on le concasse et on l'introduit dans un fourneau à plusieurs étages ; sous l'influence de la chaleur, le sulfure se décompose, le soufre devient de l'acide sulfureux, et le mercure, volatilisé à cette haute température, va se condenser dans des cruches ajustées bout à bout et disposées sur un plan incliné.

« Puisque nous avons entamé l'histoire des métaux, il est bon de parler des propriétés générales de ces corps.

« Les métaux sont des corps simples ; ils possèdent à

des degrés différents la propriété de s'étirer en fils et de s'aplatir en feuilles sous la pression du laminoir. L'or est de tous les métaux celui qui est le plus ductile, c'est-à-dire qu'il peut s'étirer en fils extrêmement fins. On a constaté que cinq centigrammes d'or peuvent fournir un fil de cent soixante-deux mètres. Il s'aplatit en feuilles tellement minces que la lumière passe au travers ; les rayons lumineux qui traversent une feuille d'or lui donnent une teinte verte caractéristique. On peut réduire un fil en feuilles si minces, qu'il en faut mille placées les unes sur les autres pour atteindre l'épaisseur d'un millimètre. L'argent peut également se réduire en feuilles ou en fils très-fins ; mais cette propriété est moins remarquable que pour l'or. Le cuivre et le fer, le zinc et l'étain, viennent ensuite. Il est un grand nombre de métaux dont vous ne connaissez pas même les noms, parce qu'on n'est pas parvenu à les employer utilement dans l'industrie, vu que leur mode de préparation est trop coûteux pour qu'on puisse en retirer un bénéfice quelconque. L'*aluminium*, cependant, est un métal qu'on a essayé, depuis quelques années, d'appliquer aux mêmes usages que l'argent. Il a sur ce dernier l'avantage d'une extrême légèreté, et d'une assez grande inaltérabilité ; mais il est tellement cassant, qu'on a été obligé de restreindre son emploi à quelques objets de luxe ou d'ornementation. Revenons aux métaux plus vulgaires et plus connus.

« Le cuivre était connu de toute antiquité, les Grecs et les Romains l'employaient à fabriquer des armes ; ils l'appelaient *cyprium* ou *cuprum*, du nom de l'île de Chypre où ils le trouvaient. On a formé de là le nom de cuivre.

« On s'imagine que le cuivre a la couleur jaune, parce que ce qu'on appelle vulgairement cuivre est en effet de cette couleur. Le cuivre est rouge à l'état naturel, seulement, à cet état, il est trop mou ; on l'allie avec du zinc et on obtient cette composition jaune si connue et qu'on appelle *laiton*. Le cuivre se trouve dans la nature sous divers états ; à l'état natif d'abord, et cristallisé en blocs ; puis combiné avec d'autres substances, telles que le soufre, le fer, etc.

« On fait divers alliages avec le cuivre, tels que *similor, chrysochalque,* dans lesquels il entre de l'étain, du zinc et même du plomb en diverses proportions, et qui ont l'aspect de l'or.

« Le bronze est également un alliage de cuivre; celui dont on a fait les statues du parc de Versailles est composé de quatre-vingt-onze parties de cuivre, six de zinc, deux d'étain et une de plomb.

« Le plomb était également connu de toute antiquité; les anciens lui avaient donné le nom de *saturne*. En médecine et en pharmacie on se sert d'un grand nombre de substances où ce métal entre en diverses proportions, notamment la liqueur appelée *extrait de saturne*.

« Un des composés les plus remarquables du plomb est la *céruse,* employée dans la peinture à l'huile et qui porte encore le nom de *blanc de plomb*. Cette matière conservait longtemps sa blancheur, et elle a prévalu sur bien d'autres à cause de son inaltérabilité ; mais elle a une influence très-pernicieuse. Les vapeurs de céruse sont un poison actif, elles donnent des coliques, vulgairement appelées *coliques de peintre*. A la longue, les ouvriers qui s'en servent s'étiolent et meurent jeunes. On remplace aujourd'hui la céruse par le blanc de zinc, qui est aussi très-éclatant et qui, lui, au moins, n'a pas une influence délétère.

« Le plomb est encore d'un usage très-important dans la fabrication des verres, sur laquelle nous reviendrons tout à l'heure.

« Le fer était connu des anciens sous le nom de *mars*. Ses nombreuses applications en font un des métaux les plus précieux. Combiné avec l'oxyde dans certaines proportions, il se trouve très-répandu dans la nature sous le nom de fer magnétique ou aimant. Dans cet état, il jouit de la propriété d'attirer le fer doux et le fer ordinaire. L'extraction du fer se fait dans les hauts fourneaux, fournaises gigantesques d'où s'écoule le fer à l'état de fonte.

« L'acier est un fer particulier qui a subi une préparation spéciale qu'on appelle la *trempe*. La trempe consiste à immerger un morceau de fer chaud dans de l'eau froide. Suivant le degré de chaleur, du fer on obtient des aciers de différentes couleurs, depuis le jaune paille jusqu'à l'indigo, le pourpre et le vert. Lorsque l'acier est bleu, il est trempé au degré convenable pour faire des ressorts de montre ; jaune, il est employé pour les canifs et les rasoirs.

« Je reviens à la fabrication du verre. On distingue trois classes de verres bien distinctes : les verres incolores ordinaires, les verres à bouteilles et le cristal. Dans cette dernière classe, le plomb remplace la chaux dans la préparation du verre; c'est ainsi qu'on obtient le précieux cristal dit de Bohême.

« La fabrication des objets en verre est une des plus curieuses que nous connaissions. La matière première du verre est le quartz ou le sable fin, qu'on fait fondre avec diverses substances variables, suivant la nature du verre qu'on veut fabriquer. Lorsque toute la masse est arrivée à ce point de fluidité où les bulles d'air peuvent remonter à la surface et s'échapper au dehors, on enlève l'écume, et on laisse refroidir jusqu'à ce que la masse ait une consistance pâteuse. L'ouvrier trempe alors le bout d'une petite canne percée dans toute sa longueur dans le liquide et retire brusquement une portion de verre; il souffle dans sa canne tubulaire, en ayant soin d'imprimer à l'objet un mouvement circulaire. On fabrique de cette façon une boule creuse, à laquelle l'ouvrier donne une forme plus ou moins allongée; si c'est une bouteille, il pose l'extrémité inférieure sur une forme qui lui donne l'assiette. Si l'on veut obtenir une plaque de verre à vitre, après avoir soufflé la boule, l'ouvrier donne une vigoureuse poussée par les poumons, de façon à faire crever le fond; on obtient alors une espèce de cylindre, qu'on ouvre latéralement. Pour y arriver, l'ouvrier reprend un filet de verre très-brûlant et très-liquide qu'il applique sur le côté du cylindre, celui-ci se fend immédiatement, et, au moyen d'une baguette, on le déploie sur une table de bronze. La lame de vitre est faite.

« Le verre filé est aussi flexible que la soie, il sert à fabriquer des ornements, des tissus précieux.

« Les belles glaces qu'on admire partout aujourd'hui

sont fabriquées par un autre procédé. Le verre fondu est coulé avec d'extrêmes précautions pour éviter les bulles d'air, sur des moules où on le laisse refroidir.

« Le *tain* y est ensuite appliqué par différents moyens, qui, pour être bien compris, demanderaient des explications théoriques dans lesquelles nous ne pouvons entrer ici. »

IX

LA FABRICATION DU PAPIER. — LES ARMES A FEU. — L'AMIDON. — LA CONSERVATION DES BOIS ET DES PEAUX. — L'HUILE D'OLIVE. — LA BOUGIE. — LA POUDRE. — LES BALLES. — LE PLOMB DE CHASSE. — LES BOULETS. — LES CANONS RAYÉS. — L'ÉLECTRICITÉ DYNAMIQUE. — LA GALVANOPLASTIE. — LA PILE DE VOLTA. — LE POTASSIUM. — LE SODIUM. — LA PHOTOGRAPHIE. — LES DEUX BATONS DE SUCRE D'ORGE.

M Ratois était en veine. Il ne prit point le temps de respirer, et il continua : « Avant de nous séparer, encore un mot, si vous me le permettez. Ainsi, à propos de cette matière que nous avons eu souvent occasion de mentionner, la *cellulose,* il y a tant de choses à dire, qu'on ne sait où s'arrêter. D'abord, avant de nous étendre sur la fabrication du papier, parlons de l'amidon, une des variétés de la substance qui a la même composition chimique que la cellulose et la fécule.

L'amidon jouit de la propriété de se transformer, sous l'influence de la chaleur et au contact de l'eau, en une masse collante, liée, dont on fait usage, sous le nom d'*empois,* pour donner de la consistance au linge. On serait tenté de croire que ce phénomène est dû à un mélange très-simple de l'eau avec l'amidon; il n'en est rien cependant. L'amidon se compose essentiellement de granules microscopiques, de forme circulaire et aplatis. Chaque grain possède une espèce de bouche ou d'orifice appelé *hile.* Lorsqu'on soumet l'amidon à l'influence de la chaleur, chaque grain s'élargit, et la substance qui est contenue à l'intérieur s'échappe par le hile, sans toutefois quitter l'enveloppe; cette substance devient gluante au contact de l'eau et sous l'influence de la chaleur, et, de cette façon, les granules se trouvent accolés les uns aux autres et forment cette masse, empois, qui occupe un volume beaucoup plus considérable que celui de l'amidon primitif. Lorsque la chaleur diminue, chaque granule se contracte, la partie gluante rentre dans son enveloppe par le *hile* et tout revient dans l'état primitif.

« La cellulose se trouve presque pure dans le chanvre et le lin, c'est à ce titre qu'on l'emploie dans la fabrication du papier. Il faut distinguer deux sortes de papier, le papier à la mécanique et le papier à la cuve ou à la forme. Ce dernier est généralement moins blanc que l'autre, il est plus spécialement employé pour le dessin et le lavis.

« Pour fabriquer toute espèce de papier, on se sert de différentes matières composées de cellulose. Le papier grossier d'emballage se fait avec un mélange de bois et de chiffons; le pur et beau papier à écrire se fabrique exclusivement avec des chiffons de toile. Rien ne se perd, dans une grande ville comme Paris; tous les soirs, les immondices, les débris de toutes sortes qu'on jette à la porte de chaque maison, sont fouillés par le crochet du chiffonnier. Les os, les éclats de bois, les vieux chiffons de laine, de toile ou de coton, tout cela est jeté pêle-mêle dans la hotte avec les vieux souliers, les vieux papiers, les croûtes de pain et la ferraille. Rentré chez lui, le philosophe à la lanterne fait le triage de tout cet amas de débris.

« Les os sont mis à part pour être vendus fort cher relativement : nous avons vu qu'on en tire le phosphore. La ferraille se livre au poids, pour en faire de la fonte. Les croûtes de pain servent à fabriquer de la poudre dentifrice, et les chiffons sont mis de côté pour faire le papier.

« Les chiffons sont ensuite séparés suivant la qualité et la finesse de la toile, puis on les soumet à des lavages successifs au chlore ; ils reprennent leur blancheur primitive, ils deviennent même plus blancs qu'ils n'ont jamais été. La matière ainsi préparée et triturée de façon à lui enlever sa forme première, à détruire le tissu et à le réduire à l'état brut, la matière, dis-je, est ensuite portée dans de vastes cuves remplies d'eau. La cellulose passe successivement dans plusieurs cuves où elle se pénètre du liquide auquel on a mélangé une colle qui doit donner de la consistance à la pâte. Cette pâte est alors amenée sur des tamis qui remplissent un double but : ils débarrassent la pâte du liquide devenu inutile et l'étendent à une épaisseur à peu près uniforme sur une surface donnée. Cette masse vient ensuite glisser entre plusieurs séries de cylindres qui la tassent, et, petit à petit, lui donnent l'épaisseur voulue. On obtient de la sorte une feuille de papier, sans fin, qu'on découpe ou qu'on enroule, suivant l'usage qu'on en veut faire et l'épaisseur qu'on lui a donnée.

« Si on veut obtenir des papiers colorés, on a soin de mêler la substance colorante au liquide dans lequel la pâte trempe avant de passer au tamis.

« Nous avons eu occasion de dire que la cellulose est une des parties intégrantes du bois. Mais ce bois contient en outre diverses substances et notamment une matière azotée qui subit des altérations très-promptes quand le bois est exposé à des alternatives de sécheresse et d'humidité ; il y a là une véritable fermentation : on dit alors que le bois pourrit; ce qui resté de l'arbre tombe en poussière noire ou brune : cette poussière porte le nom d'*humus* et contient le principe actif de la fertilité de la terre.

« Nous sommes amenés tout naturellement aux procédés employés pour la conservation des bois. Il est encore une autre cause d'altération pour les bois, c'est la présence des insectes qui se nourrissent de la matière azotée en question, et qui, pour l'extraire, pénètrent quelquefois jusqu'au cœur même du bois. C'est là l'ennemi le plus terrible des bois de construction. Une poutre paraît solide, vous la touchez, vous la palpez, elle rend un son creux et ne résiste pas à un choc vigoureux; vous apercevez alors l'intérieur rongé complétement, tombant en poussière, sans que vous ayez remarqué le moindre signe d'altération à l'extérieur.

« Les bois qui sont constamment immergés, tels que, par exemple, les piles d'un pont, se conservent quelquefois beaucoup mieux que s'ils étaient exposés à l'air. Les moyens artificiels employés pour préserver les bois de l'altération sont de plusieurs sortes. On jette le bois qu'on veut conserver dans un bassin rempli d'un liquide préservateur; et, pour que ce liquide pénètre bien dans les pores du bois, on exerce sur lui une pression énergique.

« Mais le procédé qui donne les meilleurs résultats est celui qui s'applique sur l'arbre quand il est encore debout. Pour cela, on pratique, vers l'origine des premières branches, une incision dans laquelle on fait pénétrer le bec d'un entonnoir; on remplit l'entonnoir d'un liquide tel que le sulfate de cuivre, ou diverses substances colorantes; ce liquide pénètre peu à peu dans le bois en se mêlant à la circulation de la séve ascendante de l'arbre. C'est de la sorte qu'on est arrivé à obtenir des bois qui, non-seulement se conservaient très-longtemps, mais offraient des colorations de toutes sortes et très-variées.

« On eut l'idée d'employer ces bois colorés pour les ouvrages d'ébénisterie; malheureusement les résultats qu'on a obtenus ont été peu satisfaisants, peut-être parce que le bois perdait en homogénéité ce qu'il avait gagné en coloris. On utilise cependant ce procédé pour imiter les meubles antiques; on rencontre quelquefois de ces falsifications; un vieux bahut, par exemple, entouré d'un respect dû à une antiquité de plusieurs siècles, sort souvent des mains d'un habile ouvrier. Le vieux chêne sculpté du temps de Louis XI ou Louis XII était couvert de branches et de feuilles il y a trois ou quatre ans. La conservation des bois est une des industries les plus précieuses, en ceci surtout qu'elle rend d'immenses services à la marine. Le bois des vaisseaux a un terrible adversaire à redouter, un petit rongeur qui détruit les constructions les plus gigantesques avec une rapidité prodigieuse. On a vu, par exemple, des vaisseaux en construction dont la moitié était complétement perdue avant même que l'autre moitié fût achevée.

« La conservation des bois nous amène à celle des peaux, qui repose sur le même principe chimique. Il suffit, en effet, de trouver une substance qui détruise la matière azotée, ou qui la rende incapable de fermentation, ou, enfin, qui se combine avec elle.

« Les peaux d'animaux, après avoir été débarrassées de leurs poils, sont étendues dans de vastes fosses; on les empile les unes sur les autres par couches régulières, en séparant chaque couche de sa voisine avec du tan. Le tan est l'écorce du chêne moulue; elle renferme un acide appelé acide tannique. Cet acide a une très-grande affinité pour la matière azotée contenue dans les peaux, et se combine avec elle, en pénétrant dans les pores du cuir. Pour que les peaux arrivent à ce dernier état, il faut qu'elles séjournent environ deux ans dans les fosses. Au bout de ce temps, on les retire et on les lave à grande eau avant de les livrer au commerce.

— Et la bougie, demanda Edmée, comment la produit-on?

— C'est bien simple, dit M. Ratois, l'huile d'olive ordinaire renferme deux principes distincts : l'*oléine*, liquide très-léger, qui se sépare de l'autre principe, la *margarine,* quand l'huile est soumise à une température de quelques degrés au-dessous de la température de la glace fondante. La margarine est solide, blanche, et se dépose en petits cristaux floconneux qui ont un peu l'éclat des perles et de la nacre. La séparation de ces deux principes a lieu à une température basse ; on dit alors que l'huile *se fige*. Toutes les huiles et les graisses peuvent se dédoubler de cette manière. Un troisième principe analogue à la margarine se rencontre dans un grand nombre de substances grasses : c'est la stéarine. C'est au moyen de la margarine et de la stéarine qu'on fabrique les bougies qui, lorsqu'on commençait à les employer, portaient le nom de bougies stéariques. L'extraction de la stéarine et de la margarine demande des opérations très-nombreuses et très-compliquées, dans lesquelles nous n'avons pas à entrer. Ces deux matières réunies ont toutes les propriétés acides ; on les neutralise au moyen d'une base, la chaux ; on obtient ainsi une matière grasse, qu'on introduit dans les moules. Ces moules sont traversés dans toute leur longueur par une mèche en coton nattée. Vous vous êtes peut-être souvent demandé d'où vient qu'on n'est pas obligé de moucher la mèche des bougies. Les mèches de bougies, en effet, sont préparées dans ce but. On les enduit d'une dissolution d'acide borique. Cet acide fait courber la mèche quand elle brûle ; en outre elle détermine à l'extrémité une véritable vitrification qui diminue beaucoup le volume de la cendre, de telle sorte que presque toute la substance de la mèche est détruite.

« Les chimistes qui imaginèrent les premiers de faire servir la stéarine et la margarine comme substance combustible et éclairante voulurent avoir tous les bénéfices de leur découverte. A cet effet, sachant bien qu'ils perdraient un temps énorme à lutter contre l'esprit de parti et les préjugés de l'ancien état de choses, ils imaginèrent un ingénieux stratagème pour donner cours à leur marchandise. Ils ouvrirent des magasins où l'on trouvait toutes sortes d'objets d'un usage général, une espèce de bazar où les denrées de l'épicier entraient pour beaucoup. Puis, ils revêtirent une demi-douzaine de laquais de livrées de toutes couleurs.

« Lorsque la boutique renfermait un bon nombre de clients, un laquais vert entrait et demandait à haute voix une grande quantité de bougies pour le comte ou le marquis un tel. L'esprit public est essentiellement mouton ; on fait ce qu'on voit faire. Un autre laquais bleu venait deux minutes après demander une charge de nouvelles bougies. Les clients, étonnés, se disaient que, puisque le marquis un tel et le comte *** consommaient une aussi grande quantité de bougies, c'est que ce mode d'éclairage valait mieux que celui de la chandelle, et ils en achetaient ; c'est ainsi que les inventeurs firent en peu de temps une fortune colossale.

« Le principe de la fabrication des bougies est le même que celui de la préparation des savons. Les savons, en effet, sont formés de diverses substances grasses acides qu'on neutralise au moyen de la potasse ou de la soude. On y ajoute des essences particulières pour faire les différentes variétés de savons de toilette. Le savon ponce contient, en outre, une petite quantité de pierre ponce réduite en poudre très-fine, qui a pour effet de donner de la douceur à la peau.

— Et la poudre à tirer? demanda Abel.

— La poudre à tirer, répondit M. Ratois, se compose de trois éléments essentiels : le nitre ou salpêtre, le soufre et le charbon.

« Le salpêtre est de l'azotate de potasse ; on le recueille en assez grande quantité dans les caves et dans les débris humides des vielles murailles détruites.

« On fabrique diverses espèces de poudre, suivant les armes qui servent à l'employer : la poudre de guerre, la poudre de chasse, la poudre de mine et celle de traite.

« On a calculé qu'un centimètre cube de poudre produit trois cent trente centimètres cubes de gaz à la température de zéro. Mais au moment de l'inflammation de la poudre, ce gaz est à une température très-élevée, qui lui donne un volume beaucoup plus considérable, et qui peut arriver jusqu'à mille centimètres cubes.

« On conçoit alors avec quelle puissance le projectile doit être lancé, pour donner de l'espace à un volume de vapeur et de gaz aussi considérable.

« Le fulmicoton, ou poudre-coton, dont je vous ai déjà parlé, a été mis à l'essai dans les armes à feu ; il offrait sur la poudre ordinaire l'avantage de ne pas laisser de résidu et de ne pas encrasser l'arme. Mais cette poudre s'enflamme et détone avec une rapidité telle qu'elle brise le canon du fusil où on l'emploie. On a restreint son usage à la mine, c'est-à-dire qu'elle sert à faire sauter des blocs de pierre dans les carrières ou le minerai dans les mines.

« La poudre est connue depuis plusieurs siècles ; elle a commencé à être employée comme engin de destruction sous Charles VII. A cette époque remonte naturellement l'invention des canons et des fusils. Les fusils demeurèrent longtemps de lourdes machines qu'un homme seul ne pouvait pas faire manœuvrer. Plus tard, les Béarnais de Henri IV eurent des arquebuses plus légères, munies d'une tringle en fer qui se fichait en terre, et sur laquelle pivotait l'arquebuse pour donner plus de justesse au pointage. Toutes ces armes étaient à mèche ; c'est-à-dire que la lumière était munie d'une mèche poudrée qu'il fallait allumer. Ce n'est que beaucoup plus tard que le fusil devint une arme plus facile à manier, et qu'on inventa le bassinet. Le bassinet était un petit réceptacle dans lequel on mettait la poudre. Une pierre à fusil venait brusquement tomber sur une lame de fer ; il jaillissait alors des étincelles qui enflammaient la poudre contenue dans le bassinet, et le coup partait. Aujourd'hui la capsule est beaucoup plus sûre et donne une détonation beaucoup plus prompte. C'est un immense progrès, car on était obligé, à chaque instant, de renouveler la poudre du bassinet, qui était constamment exposée aux intempéries de l'air, au vent et à la pluie. La capsule renferme une poudre dite fulminante. Cette poudre jouit de la propriété de s'enflammer au plus léger choc ; aussi celle qu'on emploie dans les capsules n'est-elle pas très-pure, afin d'éviter le danger des explosions trop promptes. La capsule bien adaptée à la cheminée, le doigt fait jouer un ressort au moyen de la gâchette, le chien s'abat sur la capsule, la poudre fulminante, frappée contre la cheminée, s'enflamme, et le coup part. Aujourd'hui, il n'est question que du fusil à aiguille dont les Prussiens viennent de se servir dans leur dernière guerre. — Le fusil à aiguille est un fusil comme ceux que nous connaissons; seulement il se charge par la culasse, ce qui permet une plus grande célérité dans la manœuvre de l'arme, — et puis l'on ne se sert plus ni de silex, ni de capsules pour enflammer la poudre; — l'explosion se fait au moyen de cartouches préparées exprès, où se trouve du fulminate que l'on enflamme au contact d'une aiguille adaptée à la crosse du fusil, que l'on introduit dans la cartouche. Les balles se coulent dans des moules; le plomb de chasse se fabrique différemment. On dispose, au haut d'un mur très-élevé, une plaque de fer percée d'une infinité de petits trous de la grosseur du plomb qu'on veut faire. Puis on verse sur cette plaque le plomb en fusion, en ayant soin d'animer la plaque d'un mouvement de va-et-vient continuel. Le plomb fondu se sépare en passant par les trous et tombe sous forme sphérique; l'air extérieur refroidit petit à petit le plomb dans son trajet; un récipient rempli d'eau froide le reçoit alors et solidifie brusquement chaque grain qui tombe.

« Les plombs de chasse, poussés par l'explosion de la poudre, sont d'abord réunis sous un assez petit volume, et alors ils font balle, c'est-à-dire qu'à quelques pas ils ont la force d'une balle, par suite de leur réunion ; mais ils s'écartent bientôt dans leur trajet et remplissent un espace beaucoup plus considérable.

— Mais, dit Abel, vous ne nous parlez pas des canons rayés, Monsieur Ratois ; il n'est question que de cela, cependant ?

— Depuis quelque temps, en effet, car c'est une découverte toute moderne et un des plus utiles perfectionnements qui aient été apportés depuis longtemps dans les armes à feu. Un canon de fusil est rayé en spirale, c'est-à-dire que les rainures qui le sillonnent serpentent autour de sa surface interne. La balle offre à elle seule une disposition toute particulière : elle n'est pas sphérique comme une bille, mais cylindrique et terminée, pour la partie qui frappe, par un petit cône. La partie postérieure est creusée. Voici dans quel but : lorsque après avoir mis la poudre on a fait couler la balle dans le canon, celle-ci s'adapte exactement avec le canon : elle y glisse à frottement doux. Le coup part : les gaz provenant de l'inflammation de la poudre remplissent immédiatement la cavité creusée dans la balle, et, en écartant brusquement avec une extrême violence les parois, forcent la balle à s'appliquer plus exactement contre la partie interne du fusil. De cette façon la balle, qui est faite d'un métal assez mou, prend l'empreinte des rainures et les suit, en prenant la direction en spirale qu'elles affectent. Poussée avec une grande violence, la balle, à sa sortie du canon, se trouve animée de deux mouvements ; la ligne droite, d'abord, et un mouvement de rotation autour d'elle-même, dans le sens de la spirale. Ce dernier mouvement a pour but de régulariser le premier et de combattre les fréquentes déviations de la balle. Cette disposition est la même pour les canons rayés que pour les carabines et les fusils. Le mouvement en spirale donne au mouvement du boulet la même régularité qu'à celui de la balle, mais il produit encore un autre effet. Il est bien rare que le boulet soit complétement homogène ou plutôt qu'il soit également compacte dans toutes ses parties. Il suit de là que presque toujours le boulet est plus lourd dans une partie que dans une autre, parce que la matière y est plus ou moins tassée. Cette défectuosité fait promptement dévier le boulet dans le sens où il est le plus lourd. Le mouvement donné par les spirales du canon a pour effet de détruire ou plutôt de neutraliser ces influences locales, et de donner à la marche du projectile une parfaite régularité.

« Disons deux mots de la galvanoplastie, dit M. Ratois, avant d'aller donner un coup d'œil à nos deux fameux bâtons de sucre d'orge.

« Les nombreux phénomènes qui se rattachent à l'électricité sont pour l'industrie des sources d'inventions curieuses et intéressantes. Parmi celles-ci, il faut mettre au premier rang la galvanoplastie.

« L'électricité dite dynamique, c'est-à-dire celle qui provient des piles comme celle employée dans la télégraphie, a la propriété de décomposer certains corps connus sous le nom générique de sels, et qui ont pour base un métal, tel que l'or, l'argent, le cuivre, le fer, etc. Il se produit une action chimique, à la suite de laquelle une partie de sel fond dans un liquide, et l'autre, le métal, se porte à une des extrémités du fil qui amène l'électricité. On attache à ce fil l'objet que l'on veut dorer, ou argenter, ou couvrir d'une couche métallique quelconque ; et peu à peu le métal vient se déposer sur la surface de l'objet.

« Si l'on veut, par exemple, dorer une médaille, on commence par la tremper dans un mélange acide, afin de la débarrasser de toute impureté ; on l'attache ensuite à l'extrémité du fil qui trempe dans un bain renfermant en dissolution un sel d'or. Sitôt que la pile est en activité, l'or se sépare en couche légère qui s'épaissit peu à peu. La médaille devient bientôt brillante et offre l'aspect d'un bijou tout en or. On emploie souvent la galvanoplastie pour prendre l'empreinte de médailles en plâtre modelées en creux ; on obtient ainsi les reproductions en bosse d'une médaille fouillée. Mais, pour appliquer un métal quelconque dans le plâtre, il est une précaution indispensable à prendre, qui consiste à revêtir préalablement la surface du plâtre d'une couche de plombagine ou mine de plomb, sur laquelle les molécules métalliques viennent s'adapter plus facilement et d'une manière plus nette. Au moyen de la galvanoplastie on obtient des placages très-durables ; c'est ainsi qu'on argente les couverts connus sous le nom de Ruolz.

« Dans toutes les applications de l'électricité à l'industrie, depuis la télégraphie jusqu'aux moteurs électriques employés dans l'horlogerie, la force motrice n'est pas l'électricité prise à l'état que nous avons déjà observé dans les phénomènes atmosphériques des orages, c'est l'électricité appelée dynamique, et que l'on peut développer de différentes manières. Les instruments qui servent à produire l'électricité dynamique s'appellent piles.

« L'historique de leur invention est assez curieux pour être rapporté ici.

« Un célèbre physicien de Bologne, nommé Galvani, faisait des expériences sur le système nerveux des grenouilles. A cet effet, il avait dépouillé plusieurs grenouilles débarrassées des membres antérieurs et de la tête, et les avait enfilées au moyen d'une tringle en fer qui leur traversait la région lombaire, c'est-à-dire la partie voisine de l'épine dorsale qui touche aux reins.

« La tringle avait été accrochée horizontalement à un balcon garni d'ornements en cuivre. Le célèbre physicien remarqua que les membres inertes de ses grenouilles se relevaient brusquement comme si elles reprenaient momentanément la vie ; Galvani répéta l'expérience, et constata que ce phénomène se produisait chaque fois que les membres de ces petits animaux touchaient aux ornements en cuivre du balcon.

« Le fait fit grand bruit dans le monde de la science. Galvani voulut l'ériger en principe et l'expliquer par une hypothèse. Selon lui, il existait chez les animaux deux fluides électriques différents : l'un résidant dans les nerfs, et l'autre dans les muscles. Les matières grasses, les membranes, devaient isoler ces deux fluides. La tringle en fer, communiquant directement avec les nerfs lombaires, était chargée du même fluide qui se communiquait au balcon. Les muscles des membres inférieurs venant toucher ce balcon chargé d'une électricité différente, provoquaient une reconstitution du fluide neutre, et se contractaient brusquement au moment où le phénomène avait lieu. Cette théorie reposait, comme on le voit, sur celle de l'électricité atmosphérique ; elle avait l'avantage de n'être pas une innovation, et de confirmer pour ainsi dire celle-ci. Elle fut violemment combattue par Volta, autre physicien, qui expliqua le fait à sa manière. D'après Volta, le simple contact de deux métaux hétérogènes, le cuivre et le fer, par exemple, produisait un dégagement d'électricité suffisant pour contracter les muscles de la grenouille, et, pour appuyer cette théorie, Volta inventa la pile qui porte son nom, et dont la disposition a donné lieu à la dénomination générale de *piles*, qu'on applique à tous les appareils destinés à produire de l'électricité dynamique.

« Cette savante discussion ne reçut pas de solution positive, mais les nombreuses expériences qu'elle provoqua restèrent des faits acquis à la science.

« Les piles servent à produire les courants électriques mis en usage dans la télégraphie ; elles ont déjà rendu d'immenses services à la chimie par les nombreuses découvertes qu'elles ont amenées. C'est ainsi qu'on a découvert une grande quantité de métaux nouveaux, et dont l'étude est très-curieuse : le potassium et le sodium, par exemple. On n'avait pu encore décomposer la potasse et la soude en leurs éléments, on en avait fait des corps simples; l'électricité dynamique a séparé la potasse en deux corps bien distincts : l'un, bien connu et répandu sous toutes les formes et toutes les combinaisons dans la nature, l'oxygène, et un autre corps, que ses caractères et ses affinités ont fait considérer comme un métal La découverte de ce corps est due au chimiste Davy. Il ne peut remplir aucun usage, par suite de son extrême affinité pour l'oxygène. Cette affinité se démontre d'une façon assez curieuse. On conserve le potassium dans de l'huile pour l'éloigner du contact de l'air et de l'humidité. Pour faire l'expérience dont je viens de parler, il suffit de jeter un petit morceau de potassium dans un vase rempli d'eau. Aussitôt le métal se met à parcourir la surface du liquide, animé d'un mouvement giratoire des plus curieux; en même temps, une très-jolie flamme bleue l'environne. Si on regarde d'un peu plus près, on est frappé d'une circonstance des plus singulières : la parcelle de métal ne touche pas le liquide; elle accomplit ses évolutions quelques millimètres au-dessus de la surface, en se tenant suspendue dans l'air.

« Toutes les flammes n'ont pas le même degré de température; celle d'une chandelle, par exemple, est moins chaude que celle d'une lampe; la flamme de l'esprit-de-vin ou alcool a une température plus élevée encore; l'éther chauffe davantage. Mais les sources de chaleur les plus considérables sont les étincelles électriques.

« La flamme en général, celle d'une bougie, par exemple, se compose de plusieurs parties distinctes. Il y a d'abord une couche extérieure d'une belle couleur bleue, visible sur les bords, qui est due à la combustion d'un gaz appelé oxyde de carbone. La partie brillante qui fait le fond de la flamme, et qui est la seule éclairante, est due à une infinité de parcelles microscopiques de charbon qui, portées au rouge blanc par la haute température de la combustion, produisent cet éclat qui sert à nous éclairer. »

En ce moment, des éclats de rire interrompirent M. Ratois; la porte s'ouvrit, et Baby, le nègre favori d'Edmée, parut sur le seuil, vêtu à l'européenne, et portant un petit tableau qu'il tenait avec précaution. Edmée s'approcha, et, se glissant derrière le nègre, jeta un coup d'œil sur le portrait. A son tour elle partit d'un éclat de rire si franc, si bruyant, que chacun voulut savoir la cause de son hilarité.

« C'est Baby, dit-elle avec un rire étouffé, Baby qui a fait faire son portrait habillé en monsieur. »

Le portrait circula, au grand désappointement du pauvre Baby, qui se trouvait magnifique avec sa veste de drap et son chapeau de soie.

Baby n'avait pu résister au désir de se faire photographier, et venait triomphalement offrir son image à sa chère petite maîtresse.

L'enfant comprit qu'il serait blessant pour le nègre de se voir plus longtemps un objet de risée ; elle courut à lui et le remercia avec une sincérité et une gravité qui rendirent le calme au pauvre Baby.

Pour couper court, du reste, à la gaîté générale, M. Ratois entreprit d'expliquer comment un rayon de soleil pouvait être un peintre aussi fidèle que l'artiste le plus consommé :

« Le photographe se sert d'une boîte carrée, tapissée de noir, où la lumière ne pénètre que par une seule ouverture. Cette ouverture est elle-même fermée par un verre ou une lentille convexe, que l'on appelle l'*objectif*. La partie de la boîte opposée à l'objectif est une plaque de verre dépoli. Les objets vont se peindre dans la chambre noire après avoir traversé la lentille, et alors ils sont réduits dans les proportions voulues pour l'image photographique.

« Le talent du photographe consiste à ce moment à mettre l'image, comme ils disent, *bien au point,* c'est-à-dire que cette image soit parfaitement nette sur le verre dépoli, et que tous les détails soient rendus avec clarté. On retire ensuite le verre dépoli et on le remplace par un châssis à tiroir bien fermé, qui contient la plaque de verre sur laquelle doit se produire le phénomène de l'impression. Cette plaque de verre est préparée de telle sorte, au moyen de substances chimiques, que l'image qui s'y produit fait une impression durable sur les matières qui ont rendu la plaque *sensible*. Dans cet état, on retire le châssis, après l'avoir préalablement fermé, et la seconde opération commence. On trempe la plaque dans un bain liquide qui a la propriété de faire paraître en blanc les parties ombrées, et en noir les parties blanches ; par conséquent, à ce moment, la face de Baby n'eût plus été reconnaissable pour lui-même. Cette épreuve sur la plaque de verre se nomme l'épreuve négative. On ajuste ensuite derrière la plaque la feuille de papier sur laquelle doit être le portrait. Cette feuille est elle-même préparée avec une substance nommée *nitrate d'argent* ou *pierre infernale,* qui jouit de la propriété de se brunir et de se noircir sous l'influence des rayons solaires. On expose ensuite la plaque ainsi double au soleil. Les parties marquées en noir sur la plaque empêchent la lumière de pénétrer jusqu'au papier, tandis que celles qui sont restées blanches exposent aux rayons solaires le papier placé dessous et qui noircit aussitôt. De cette manière la figure de Baby qui était blanche tout à l'heure sur la plaque est devenue noire sur le papier. Lorsque l'image a acquis la teinte qu'on désire lui donner, on sépare les deux images, la *négative* de la *positive.* Cette dernière, c'est-à-dire celle sur papier, est plongée dans un bain qui fixe la teinte, et le tour est joué.

« Jusqu'ici on a apporté de nombreux perfectionnements à l'art du photographe, mais la chimie n'a pu encore découvrir le moyen de reproduire les couleurs, telles qu'elles sont sur les objets qu'on veut représenter ? C'est là le rêve de tous les photographes, et il en est bien peu qui n'espèrent arriver à cette magnifique invention. On se contente aujourd'hui de repeindre, après coup, les images qu'on désire avoir coloriées, comme on le ferait pour des images communes.

« Au moyen de substances un peu différentes de celles dont on se sert pour *sensibiliser* la plaque de verre, on arrive à faire la photographie instantanée, c'est-à-dire celle où l'objet est saisi sans pose, instantanément, avec la rapidité d'un clin d'œil ; j'ai vu la photographie d'un chat pris au bond au moment où il sautait d'un mur à l'autre. Ce genre de photographie est peut-être plus fidèle, en ce qu'il éloigne les inconvénients de la pose, qui rend toujours la physionomie différente de l'état naturel ; mais, outre que les contours sont moins nets, les ombres sont aussi trop durement accusées.

« C'est à Daguerre qu'on doit le premier mot de cette magnifique découverte ; comme beaucoup d'inventeurs, le malheureux physicien s'est heurté contre l'ignorance et le parti pris de l'incrédulité, on l'a pris pour un fou, et il a passé dix années dans une maison de santé où il est mort, sans avoir la consolation de voir le public injuste revenir sur la prévention qu'on avait conçue à son égard. »

Le bonhomme Ratois ramena les enfants à la raffinerie. Le sirop, convenablement cuit, fut versé sous leurs yeux dans un petit moule conique, dont la partie large était placée en haut. On appliqua une couche de terre glaise sur la surface du sucre, afin de le purifier encore, et, lorsqu'il fut bien durci, les deux cousins virent avec satisfaction un joli pain de sucre tomber du moule.

Le lendemain, on fit un nouveau sirop avec chacun des pains ; on y mélangea quelques gouttes de vinaigre, afin de retarder le moment où le sucre d'orge prend une cristallisation nouvelle et se réduit en poussière en perdant sa transparence. On coula les deux sirops, et les deux bâtons de sucre d'orge, transparents, dorés, furent triomphalement empapillottés dans du papier colorié, avec faveurs roses.

. . . .

Que vous dirons-nous de plus, mes chers enfants ? Voilà l'histoire de nos deux bâtons de sucre d'orge, et comment un père intelligent bien secondé peut instruire ses enfants tout en les amusant. Maintenant voulez-vous savoir comment ils finirent ? Ecoutez : Edmée et Abel grandirent ensemble, et leur affection mutuelle ne fit que s'accroître. Il arriva un moment où les deux grands enfants s'abordèrent avec plus de timidité ; les parents, ce jour-là, parlèrent mariage, et l'époque fut fixée. Mais savez-vous ce qu'Edmée trouva au fond de la corbeille de noces ? Les deux bâtons de sucre d'orge. Abel est aujourd'hui un ingénieur distingué, et Edmée, que l'on ne désigne plus que sous le nom de madame Verteil, est une femme charmante, aimée de son mari, adorée de son fils et de sa fille, vénérée par les pauvres, estimée de tous ceux qui la connaissent, et qui, à son tour, donne comme livre de lecture à ses enfants : *les Miettes de la Science.*

TABLE DES MATIÈRES

PARIS. — IMPRIMERIE VICTOR GOUPY, RUE GARANCIÈRE, 5.

www.ingramcontent.com/pod-product-compliance
Ingram Content Group UK Ltd.
Pitfield, Milton Keynes, MK11 3LW, UK
UKHW021941200726
13856UKWH00005B/849